中等职业教育国家规划教材

Lumian Jiegou

路面结构

(第二版)

(公路与桥梁专业)

主　　编　夏连学
主　　审　金仲秋

人民交通出版社

内 容 提 要

本书是中等职业教育国家规划教材,主要内容包括绪论、路面工作状况、路面结构层、沥青路面设计、水泥混凝土路面设计。全书共5章,书后附有课程教学基本要求,供各校在进行教学安排时参考。

本书作为中等职业学校公路与桥梁专业教学用书,亦可供继续教育或职业培训使用,或作为公路工程技术人员的学习参考书。

图书在版编目(CIP)数据

路面结构 / 夏连学主编.—2版(修订本)—北京:人民交通出版社,2006.8(重印2007.9)
中等职业教育国家规划教材
ISBN 978-7-114-06096-0

Ⅰ.路… Ⅱ.夏… Ⅲ.路面-工程结构-结构设计-专业学校-教材 Ⅳ.U416.01

中国版本图书馆CIP数据核字(2006)第087500号

中等职业教育国家规划教材
书　　名:路面结构(第二版)(公路与桥梁专业)
著 作 者:夏连学
责任编辑:韩亚楠
出版发行:人民交通出版社
地　　址:(100011)北京市朝阳区安定门外外馆斜街3号
网　　址:http://www.ccpress.com.cn
销售电话:(010)59757973
总 经 销:人民交通出版社发行部
经　　销:各地新华书店
印　　刷:北京鑫正大印刷有限公司
开　　本:787×1092　1/16
印　　张:8
字　　数:181千
　　　　2002年7月　第1版
版　　次:2006年8月　第2版
印　　次:2014年1月　第5次印刷　总第6次印刷
书　　号:ISBN 978-7-114-06096-0
印　　数:19001-21000册
定　　价:10.80元

交通职业教育教学指导委员会

路桥工程专业指导委员会

中等职业教育国家规划教材出版说明

为了贯彻《中共中央国务院关于深化教育改革全面推进素质教育的决定》精神，落实《面向21世纪教育振兴行动计划》中提出的职业教育课程改革和教材建设规划，根据教育部关于《中等职业教育国家规划教材申报、立项及管理意见》（教职成[2001]1号）的精神，我们组织力量对实现中等职业教育培养目标和保证基本教学规格起保障作用的德育课程、文化基础课程、专业技术基础课程和80个重点建设专业主干课程的教材进行了规划和编写，从2001年秋季开学起，国家规划教材将陆续提供给各类中等职业学校选用。

国家规划教材是根据教育部最新颁布的德育课程、文化基础课程、专业技术基础课程和80个重点建设专业主干课程的教学大纲（课程教学基本要求）编写，并经全国中等职业教育教材审定委员会审定。新教材全面贯彻素质教育思想，从社会发展对高素质劳动者和中初级专门人才需要的实际出发，注重对学生的创新精神和实践能力的培养。新教材在理论体系、组织结构和阐述方法等方面均作了一些新的尝试。新教材实行一纲多本，努力为学校选用教材提供比较和选择，满足不同学制、不同专业和不同办学条件的学校的教学需要。

希望各地、各部门积极推广和选用国家规划教材，并在使用过程中，注意总结经验，及时提出修改意见和建议，使之不断完善和提高。

教育部职业教育与成人教育司

二〇〇六年六月

第一版前言

为了贯彻《中共中央国务院关于深化教育改革全面推进素质教育的决定》,落实《面向21世纪教育振兴行动计划》中提出的"职业教育课程改革和教材建设规划",教育部全面启动了中等职业教育国家规划教材建设工作。交通职业教育教学指导委员会路桥工程学科委员会组织全国交通职业学校(院)的教师,根据教育部最新颁布的公路与桥梁专业的主干课程教学基本要求,编写了中等职业教育公路与桥梁专业国家规划教材共8种,并通过了全国中等职业教育教材审定委员会的审定。

本套教材的编写融入了全国各交通职业学校(院)公路与桥梁专业的教学改革成果,并结合了最新的技术标准、规范以及公路科技进步等情况,具有较强的针对性。新教材较好地贯彻了素质教育的思想,力求体现以人为本的现代理念,从交通行业岗位群的知识和技能要求出发,并结合对培养学生创新能力、职业道德方面的要求,提出教学目标并组织教学内容,在教材的理论体系、组织结构、内容描述上与传统教材有了明显的区别。

《路面结构》是中等职业教育公路与桥梁专业国家规划教材之一,内容包括:绪论、路面工作状况、路面结构层、沥青路面设计、水泥混凝土路面设计。全书共5章。

参加本书编写工作的有:河南省交通学校夏连学(编写第一、二、三、四章),第五章由夏连学和吉林交通职业技术学院陈淑贤共同编写。全书由河南省交通学校夏连学担任主编,浙江交通职业技术学院金仲秋担任责任编委。人民交通出版社聘请湖南交通职业技术学院文德云高级讲师担任本套教材的总统稿人。本书由长安大学胡大琳教授担任责任主审,长安大学高江平、张争奇副教授审稿。他们对书稿提出了宝贵意见,在此表示衷心感谢。

限于编者经历及水平,教材内容很难覆盖全国各地的实际情况,希望各教学单位在积极选用和推广国家规划教材的同时,注意总结经验,及时提出修改意见和建议,以便再版修订时改正。

交通职业教育教学指导委员会
路桥工程学科委员会
二〇〇二年五月

第二版前言

随着公路特别是高速公路建设事业的快速发展，我国在公路与桥梁工程设计理论、公路建设新材料、公路施工新技术和新工艺等方面的研究取得了许多新的成果。为此，近年来中华人民共和国交通部颁布了一些新的行业标准、规程和规范。为紧跟行业新技术的发展步伐，适应新标准和规范的要求，改正第一版教材中与新标准、规程和规范表述不相吻合的内容，也为了弥补第一版教材在使用过程中发现的不足，交通职业教育教学指导委员会路桥工程专业指导委员会研究决定，对2002年出版的中等职业教育国家规划教材按以下原则重新编写。

1.遵循“去旧补新”的原则。根据国家和行业颁布的最新标准、规程和规范以及行业科技进步需要，对原教材中的部分内容进行适当的调整和更新，同时对原教材中的不足和疏忽予以弥补。

2.突出实践技能的原则。按照教育部对中等职业教育培养目标的定位，吸收近几年职业教育教学改革的经验和成果，力求使新修订的教材更符合中职学生的认知规律、实际应用和职业技能的训练需要，体现“所学即所用，所用即所教”。

本书由河南交通职业技术学院夏连学主编，浙江交通职业技术学院金仲秋担任主审。

第二版教材增附教育部颁布的《中等职业学校公路与桥梁专业教学指导方案》中对《路面结构》课程的“教学基本要求”，以便于各校组织教学时参考。

交通职业教育教学指导委员会

路桥工程专业指导委员会

二〇〇六年八月

目录

第一章 绪 论

第一节 我国公路路面工程发展概况

路面是用各种筑路材料铺在公路路基上供汽车行驶的构造物,其作用是加固行车部分,使汽车在其上安全、舒适地行驶。常见的路面类型有沥青类路面、水泥混凝土路面、碎(砾)石路面等。

路面工程是道路工程的一个重要组成部分。它主要研究道路路面的设计原理和方法,路面结构组成,路面材料性能和规格要求以及路面施工、养护、维修和管理技术等。

由于公路运输在国民经济中起着极其重要的作用,因此随着我国国民经济的蓬勃发展,公路运输业也在迅速地发展。20 世纪 80 年代初,我国公路里程不足 90 万 km,有铺装的路面不足 20%,而且没有一级公路和高速公路。截至 2005 年底,我国公路总里程达到 192 万 km,高速公路里程达 4.1 万 km。

公路运输正朝着重型、量大、高速的方向发展,特别是高速公路要求建筑能够满足行车舒适、快速、耐久要求的路面,这就对路面工程从设计原理和方法、材料应用与组成,施工机械和施工方法,以及质量检查与控制等方面,都提出了更高的要求,并促使其更进一步的发展。

一、路面设计理论与方法的发展

任何工程结构物的设计与计算,都离不开力学模式与数学手段,路面设计也不例外。如何寻求一种能正确反映路面受力与变形,材料特性及路面结构层厚度之间的关系,并完全符合路面实际状态的模式和理论,是世界各国几十年来着重研究的问题。我国在此方面也进行了大量的研究,并取得了很大的成绩。

最初的路面设计是以静力平衡原理为基础的。这种方法假定车轮荷载是一个集中力,并按 45°通过路面传到路基,但此法不能反映土和材料实际变形的特性。后来又出现了板体理论,即将面层视为弹性板,基层与土基则视为弹性层,利用弹性力学中有关弹性地基上弹性板理论的解求得路面受力、变形和厚度之间的关系。这种理论为水泥混凝土路面的设计奠定了基础,但它不适用于柔性路面。20 世纪 40 年代初出现了弹性层状体系理论,它是柔性路面设计的理论基础。我国在 60 年代初就对弹性层状体系理论进行了较为深入的研究,并绘制出双层体系图表供实际使用。后来又编制出三层体系图表,并利用计算机技术编制了多层体系在垂直和水平荷载下任意点的应力、应变和位移的计算程序。从目前看,我国的路面设计理论已达到了世界先进水平。

路面设计方法与设计理论的发展是分不开的。建国以来,我国路面设计方法经过了多次的修改与变更,其方法主要体现在设计规范之中。以柔性路面设计方法为例,1958 年的规范主要参考前苏联 20 世纪 50 年代的方法;1966 年的规范中的设计方法改进了前苏联的基本公式,提出了多层体系换算方法和适合我国实际的参数,初步形成了我国自己的设计方法;1978

年的柔性路面设计规范，对于理论基础、设计指标、车辆换算公式、计算参数及多层路面换算等做了进一步的改进，同时还提出了原有路面补强厚度计算的经验法。1986 年的柔性路面设计规范采用了多指标控制路面结构设计，以弹性层状体系为理论基础，以路面回弹弯沉和层底拉应力为控制指标。1997 年《公路沥青路面设计规范》颁布施行。随着高等级公路的兴建和半刚性基层的出现，我国提出了"高等级公路半刚性基层沥青路面典型结构研究"的课题，试图建立一种类似国外的标准结构图设计法。1984 年的水泥混凝土路面设计规范，采用弹性半无限地基上弹性板理论为理论基础，以混凝土抗折疲劳强度为控制指标，并根据有限元法分析结果来进行设计。随着路面工程科学的发展，设计方法仍在不断的修改与完善。1994 年，《公路水泥混凝土路面设计规范》进行了第三次修订，增加了许多新的设计内容。2003 年 6 月 1 日，修订后的《公路水泥混凝土路面设计规范》正式施行。

二、路面材料方面的发展

筑路材料是决定路面质量好坏的重要因素，选择既有良好物理力学性能又经济的建筑材料是路面建筑的根本问题。建国初期，我国就以"因地制宜，就地取材"为原则，修建了许多砂石路面，并首创了一种路面结构形式——泥结碎(砾)石路面，为我国当时的中、低级路面的修筑提供了很好的模式。此外，在中、低级路面上铺筑磨耗层和保护层，对确保公路行车畅通、减轻养路工作量起了很大作用。

我国的石灰岩蕴藏量丰富，对石灰的生产和使用已有悠久的历史和丰富的经验。将石灰作为稳定材料用于路面中，形成石灰土和碎砾石灰土基层也是我国公路部门创造的一种独特的路面结构，这种结构不但价格低廉，并且能较好地改善土的水温状况，获得了良好的效果。近年来，高等级公路的发展对基层材料的要求愈来愈高，以前常用的碎(砾)石基层或石灰土基层已不能满足要求。为此，我国公路部门又应用了以水泥和工业废渣(粉煤灰、矿渣、钢渣)等为结合料的半刚性基层。现在水泥稳定砂砾、二灰(石灰和粉煤灰)稳定类材料等材料已成为我国高等级公路路面基层结构中的典型材料。

石油沥青为石油工业的副产品。从 20 世纪 60 年代开始，随着我国石油的开采和提炼加工技术的不断改进，出现了国产多蜡慢凝液体沥青(俗称渣油)，为我国 20 世纪 60～70 年代沥青路面的大量修建(公路路面黑色化)提供了良好的物质基础。尽管这种沥青具有延度小、稠度低以及对温度敏感性强等缺点，在国外被认为是不适宜修路面的材料，但经过试验研究，我国利用它修筑沥青表面处治和沥青贯入式路面，取得了良好的效果。20 世纪 80 年代，随着石油提炼技术的不断完善，我国已能够生产自己的优质黏稠沥青，从而为我国高等级公路的大规模建设创造了良好条件。目前国产优质沥青已用于修筑高速公路、一级公路的沥青混凝土路面。进入 21 世纪，为了提高国产沥青的黏结力和稳定性，我国有关部门致力于研究沥青的改性问题，如在沥青中掺入橡胶、树脂等高分子聚合物及其他化学材料，目前已取得成功。

三、路面施工技术方面的发展

施工技术的发展与施工机械现代化水平是紧密相关的。20 世纪 60 年代，我国在铺筑沥青路面时，使用的是大锅熬油、路边人工拌和沥青混合料和人工摊铺的方法，这种方法不但工效低，劳动强度大，而且质量也不容易保证。进入 20 世纪 80 年代后，随着公路建设步伐的加快，路面施工机械也在飞速的发展。现在，一般的施工单位都有沥青混合料拌和机械、摊铺机械和压实机械。特别是在高速公路施工时，为保证工程质量，现代化的机械设备如大型自动控制沥青混凝土拌和机、自动找平沥青混凝土摊铺机以及稳定类材料拌和机械已成为必备条件，而且在路面修筑中发挥了巨大的作用。

水泥混凝土路面施工机械在我国也有一定的发展，现代化的施工机械在不断增加。从目前看，国内大多还在使用人工半机械化的摊铺和振捣方法，这是不能满足公路建设发展要求的。国外的水泥混凝土路面已在使用轨道式摊铺机和滑模摊铺机进行施工。这些机械在一次行程过程中可完成混合料的摊铺、振实、成形、切缝和拉毛等工作，每日可铺路面 3km 左右。这将是我国水泥混凝土路面施工发展的方向。

四、路面测试技术的发展

路面检测技术作为路面质量控制与管理，路面使用品质评价的重要手段，已受到广泛的重视，过去那种只凭眼观目测的简单方法已逐步被科学的、先进的测试技术所代替。对于那些能引起路面局部破损的检测方法也已被检测速度快、精度高的无损检测技术所取代。如从前测定路面结构层密度采用灌砂法，路面平整度使用 3m 直尺，路面厚度采用挖坑或钻取法，均正逐步被核子密度仪、路面平整度仪和超声波厚度测定仪所取代。随着路面质量控制指标的增加，相对应的检测手段不断涌现，测试仪器的研制也从未间断过。近年来我国自己研制和改进了许多新的仪器，如路面厚度测定仪、平整度测定仪、强度测定仪、抗滑测定仪、渗水分析仪，以及沥青路面车辙、裂缝分析仪等，已逐步研制成功并投入使用。这些仪器综合电、声、光和磁等多种测试技术，可多项目、多指标地对工程进行检测，并在检测速度、精度和数据处理上向着自动化、智能化方向发展，为保证路面施工质量和延长路面使用寿命奠定了坚实的基础。

第二节　对路面的基本要求

路面是公路的重要组成部分。路面的好坏直接影响行车速度、运输成本、行车安全和舒适性。相同等级公路的沥青路面同砂石路面相比，行车速度一般可以提高 80% ~ 200%，燃料消耗降低 15% ~ 20%，轮胎行驶里程增加约 20%，运输成本下降 18% ~ 20%。同一类型的路面，因施工和养护质量的优劣，也会使运输效率与成本以及服务质量产生很大的差异。路面结构的费用在公路造价中所占比重很大，一般都要达到 30%左右。所以，修好路面对发挥整个公路的运输经济效益，具有十分重要的意义。路面应满足下述各项基本要求。

一、具有足够的强度和刚度

行驶在路面上的车辆，通过车轮把垂直力和水平力等传给路面。水平力又分为纵向和横向的两种。除此之外，由于汽车发动机的机械振动和车辆与悬架系统的相对运动，路面还受到车辆的振动力和冲击力作用，车身后面还会产生真空吸力作用。

在上述各种力的综合作用下，路面将逐渐出现磨损、开裂、坑槽、沉陷和波浪等病害，这就会影响公路的使用质量，严重时还可能中断交通。路面的强度是指路面抵抗破坏的能力。路面结构整体及各组成部分必须具备足够的强度以抵抗行车荷载的作用，避免路面产生破坏。

所谓刚度，指路面抵抗变形的能力。具体来说，是指路面结构整体或某一组成部分抵抗变形的能力。如刚度不足，即使强度足够，在车轮荷载作用下也会产生过量的变形而形成车辙、沉陷或波浪等病害。

二、具有足够的稳定性

路面的稳定性是指路面结构在水和温度的作用下保持强度和刚度的能力。路面结构袒露于大气中,经常受到温度和水分变化的影响,其力学性能随之不断发生变化,强度和刚度不稳定,路况时好时坏。例如,沥青路面在夏季高温时会变软,并可能产生车辙和推挤;冬季低温时,又可能因收缩或变脆而产生开裂。水泥混凝土路面在高温时,可能发生拱胀破坏,温度急剧变化时会翘曲而产生破坏。砂石路面在雨季时因雨水渗入路面结构,其强度会下降,产生沉陷、车辙或波浪。因此,要求路面结构在不良气候条件下应能够保持其强度。

三、具有足够的平整度

路面表面纵向的凹凸量的偏差值称为路面平整度。路面的平整度(或不平整度)通常是以试验汽车每行驶 1km 距离,车身和后桥相对垂直位移的累计数(m)来表示。不平整的路面表面会增大行车阻力,并使车辆产生振动。振动作用会造成行车颠簸,影响行车速度、行车安全和舒适性。振动作用还会对路面施加冲击力,从而加剧路面和汽车机件的损坏与轮胎的磨耗,并增大油料的消耗。不平整的路面还会积滞雨水,加速路面的破坏。

为了减小车辆对路面的冲击力,提高行车速度和增进行车舒适性、安全性,路面应保持一定的平整度。公路等级越高,设计行车速度越大,对路面平整度的要求也越高。

平整的路表面,要依靠优良的施工机具、精细的施工工艺、严格的施工质量控制以及经常和及时的养护来保证。路面的平整度还与整个路面结构和面层材料的强度和抗变形能力有关。强度和抗变形能力差的路面结构和面层混合料,经不起车轮荷载的作用,极易出现沉陷、车辙和推挤等破坏,从而形成不平整的路表面。

四、具有足够的抗滑性能(粗糙度)

路面抗滑性能(粗糙度)是指路面表面骨料的棱角阻止轮胎滑动的能力。常用路面摩擦系数和路表构造深度表示。汽车在光滑的路面上行驶时,车轮与路面之间缺乏足够的附着力(或摩擦阻力)。在雨天高速行车,或紧急制动或突然起动,或爬坡转弯时,车轮易产生空转或打滑,致使行车速度降低、油料消耗增多,甚至引起严重的交通事故。因此,路面表面应具有足够的抗滑性能,即具有足够的粗糙度。设计车速越大,对路面抗滑性能的要求也越高。

五、具有足够的耐久性

路面的耐久性即路面的使用寿命。路面结构承受行车荷载和冷热、干湿等气候因素的多次重复作用,由此而逐渐产生疲劳破坏和塑性形变累积。路面材料还可能由于老化衰变而导致破坏。这些都将缩短路面的使用年限,增加养护工作量。因此,要求路面结构应具备足够的抗疲劳强度、抗老化和抗形变累积的能力,以保持或延长路面的使用寿命。

六、具有尽可能低的扬尘性

汽车在砂石路面上行驶时,车身后面所产生的真空吸力会将面层表面或其中的细粒吸起而使尘土飞扬,甚至导致路面松散、脱落和坑洞等破坏。扬尘还会加速汽车机件的损坏,影响行车视距和乘客的舒适及沿线居民的卫生条件。因此,应尽量减少路面的扬尘性。

此外，路面断面形式及尺寸应符合《公路工程技术标准》(JTG B01—2003)的有关规定。

第三节　路面结构组成与分级

一、路面横断面形式

路面是铺筑于路基顶面的不同层次的组合结构，从横断面方向看，公路的表面一般是由行车道、硬路肩和土路肩组成。路面的横断面形式通常分为槽式横断面和全铺式横断面，如图1-1所示。

1.槽式横断面

路基填挖到设计标高位置后，在路基上按路面设计宽度范围将路基挖成与路面厚度相同的浅槽；或路基填筑到路床顶面位置后，按路面设计宽度范围在两侧的路肩部位培土(压实)形成与路面厚度相同的浅槽；也可采用半挖半培的方法形成浅槽，然后在浅槽内铺筑路面。一般公路路面都采用槽式横断面，如图1-1a)所示。

2.全铺式横断面

在路基全部宽度内都铺筑路面。在高等级公路建设中，有时为了将路面结构内部的水分迅速排出，在全宽范围内铺筑基层材料，保证水分由横向排入边沟。有时考虑到道路交通的迅速增长，为适应扩建的需要，将硬路肩及土路肩的位置全部按行车道标准铺筑面层。在盛产石料的山区或较窄的路基上，全宽铺筑中、低级路面。全铺式路面横断面形式见图1-1b)所示。

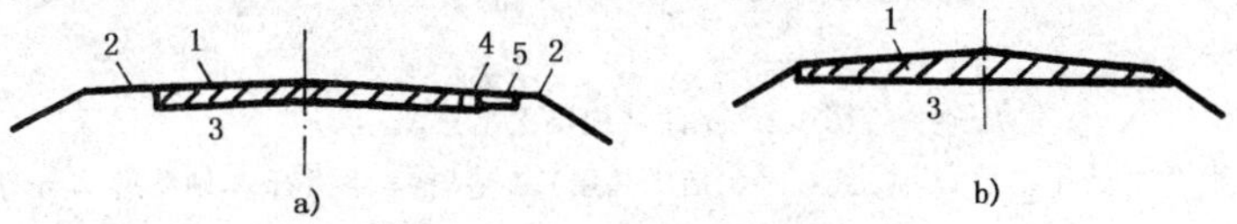

图1-1　路面横断面形式

1-路面；2-土路肩；3-路基；4-路缘石；5-硬路肩

二、路拱及路拱横坡度

为了保证路面上雨水及时排出，减少雨水对路面的浸润和渗透，从而保证路面结构强度，路面表面应做成中间高、两侧低的形状，称之为路拱，常采用直线形或抛物线形两种路拱形式。路面表面的高差与水平距离的百分比称为路拱横坡度。等级高的路面，平整度和水稳定性较好，透水性也小，通常采用直线形路拱和较小的路拱横坡度。等级低的路面，为了有利于迅速排除路表积水，一般采用抛物线形路拱和较大的路拱横坡度。表1-1列出了各种不同类型路面的路拱平均横坡度。

各类路面的路拱平均横坡度　　表1-1

路面类型	路拱平均横坡度(%)
沥青混凝土、水泥混凝土	1~2
其他沥青路面	1.5~2.5
半整齐石块、不整齐石块	2~3
碎石、砾石等粒料路面	2.5~3.5

选择路拱横坡度,应充分考虑有利于行车平稳和有利于横向排水两方面的要求。在干旱和有积雪、浮冰的地区,应采用低值,多雨地区采用高值;当道路纵坡较大或路面较宽,或行车速度较高时,或交通量和车辆载重较大时,或常有拖挂汽车行驶时,应采用平均坡度的低值,反之则应取用高值。

高速公路和一级公路设有中央分隔带,通常采用两种方式布置路拱横断面。若分隔带未设置排水设施,则做成中间高、两侧路面低,由单向横坡向路肩方向排水。若分隔带设置排水设施,则两侧路面分别单独做成中间高、两侧低的路拱,向中间排水设施和路肩两个方向排水。

路肩横坡度一般较路面横坡大1%。但是高速公路和一级公路的硬路肩采用与路面行车道相同的结构时,应采用与路面行车道相同的路面横坡度。

三、路面结构组成

行车荷载和自然因素对路面的影响,随深度的增加而逐渐减弱。因此,对路面材料的强度、抗变形能力和稳定性的要求也随深度的增加而逐渐降低。为了适应这一特点。路面结构通常是分层铺筑的,即按照使用的要求、受力状况、土基支承条件和自然因素影响程度的不同,分成若干层次。按照各个层位功能的不同,路面结构一般划分为三个层次,即面层、基层和垫层,如图1-2所示。

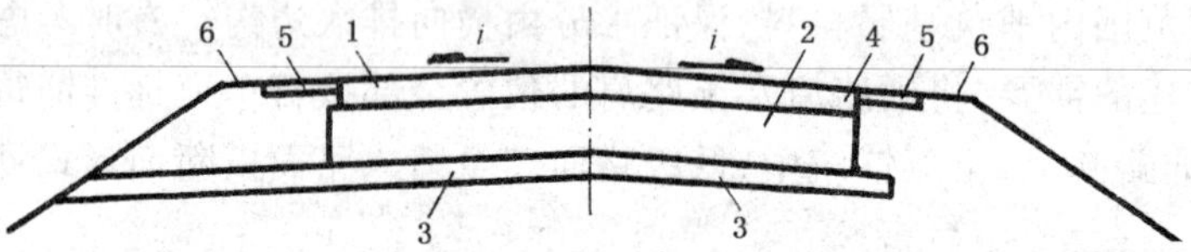

图1-2　路面结构层次示意图

i-路拱横坡度;1-面层;2-基层(有时包括底基层);3-垫层;4-路缘石;5-硬路肩;6-土路肩

1.面层

面层是直接承受车轮荷载反复作用和自然因素影响的结构层,它承受较大的行车荷载的垂直力、水平力和冲击力的作用,同时还受到降水的浸蚀和气温变化的影响。面层应具备较高的结构强度、抗变形能力,较好的水稳定性和温度稳定性,而且应当耐磨、不透水;其表面还应有良好的抗滑性和平整度。

修筑面层所用的材料主要有:水泥混凝土、沥青混凝土、沥青碎石、泥结碎石、级配碎石(砾石)等。

沥青混合料路面的面层有时分两层或三层铺筑,自上而下分别称之为表面层、下面层或表面层、中面层、下面层。如高速公路沥青面层总厚度达18~20cm,可分为上、中、下三层铺筑,并根据各分层的要求采用不同的级配组成。水泥混凝土路面也可分上下两层铺筑,分别采用不同强度等级的水泥混凝土材料。水泥混凝土路面上加铺5cm厚的沥青混凝土,这样的复合式结构也是常见的。但是砂石路面上所铺的2~3cm厚的磨耗层或1cm厚的保护层,以及厚度不超过3cm的沥青表面处治层,不能作为一个独立的层次,应看作是面层或基层的一部分。

2.基层

基层主要承受由面层传来的车辆荷载的垂直力,并将其扩散到下面的垫层和土基中。对于沥青路面结构而言,基层是路面结构中的承重层,它应具有足够的强度和刚度,并具有良好的扩散应力的能力。基层遭受自然因素的影响虽然比面层小,但有可能经受地下水和通过面层渗入的雨水浸湿,所以基层结构应具有足够的水稳定性。基层表面虽不直接供车辆行驶,但仍然要求有较好的平整度，这是保证面层平整性的基本条件。

修筑基层的材料主要有各种无机结合料（如石灰、水泥等）稳定类材料或稳定集料的半刚性基层，贫水泥混凝土、碾压式水泥混凝土等铺筑的刚性基层，沥青稳定碎石、沥青贯入式、级配碎石、级配砂砾等铺筑的柔性基层，具体分类见表1-2。

当采用不同材料修筑基层时，其上层仍称为基层，下层则称为底基层。对底基层材料质量的要求较低，可使用当地的土石材料来修筑。

基层、底基层视公路等级或交通量的需要可设置一层或两层。当基层或底基层较厚需分两层施工时，可分别称为上基层、下基层，或上底基层、下底基层。

为了保护路面面层边缘，基层宽度每侧宜比面层宽出25cm，底基层每侧宜比基层宽出15cm。

各种常用基层、底基层类型 表1-2

<table>
<tr><td colspan="3">有机结合料稳定类</td><td>包括沥青稳定碎石、沥青贯入式等</td></tr>
<tr><td rowspan="5">无机结合料稳定类半刚性基层</td><td colspan="2">水泥稳定类</td><td>包括水泥稳定砂粒、碎石、砂砾土、碎石土、未筛碎石、石屑、石渣、高炉矿渣、钢渣等</td></tr>
<tr><td colspan="2">石灰稳定类</td><td>包括石灰稳定细粒土、天然砂砾土、天然碎石土以及用石灰稳定级配砂砾、级配碎石和矿渣等</td></tr>
<tr><td rowspan="3">工业废渣稳定类</td><td>石灰粉煤灰类</td><td>包括石灰粉煤灰（二灰）、石灰粉煤灰土（二灰土）、二灰砂、二灰砂砾、二灰碎石、二灰矿渣等</td></tr>
<tr><td>石灰煤渣类</td><td>包括石灰煤渣、石灰煤渣土、石灰煤渣碎石、石灰煤渣砂砾等</td></tr>
<tr><td>水泥煤渣类</td><td>包括水泥粉煤灰稳定砂砾、碎石及砂等</td></tr>
<tr><td rowspan="2">粒料类</td><td colspan="2">嵌锁型</td><td>包括泥结碎石、泥灰结碎石、填隙碎石等</td></tr>
<tr><td colspan="2">级配型</td><td>包括级配碎石、级配砾石、级配砂砾等</td></tr>
</table>

3.垫层

垫层是设置在基层或底基层和土基之间的结构层，它的主要作用是加强土基、改善基层的工作条件。垫层往往是为蓄水、排水、隔热、防冻等目的而设置的，所以通常设在路基处于潮湿和过湿以及有冰冻翻浆的路段。在地下水位较高地区铺设的能起隔水作用的垫层称隔离层；在冰冻较深地区铺设的能起防冻作用的垫层称防冻层。此外，垫层还能扩散由基层传下来的应力，以减小土基的应力变形，而且它也能阻止路基土挤入基层中，从而保证了基层的结构性能。

修筑垫层所用的材料，强度不一定很高，但水稳性和隔热性要好，常用材料有两类：一类是用松散粒料，如粗砂、砾石和炉渣等组成的透水性垫层；另一类是整体性材料，如石灰粉煤灰稳定粗粒土或炉渣石灰稳定粗粒土等组成的稳定性垫层。

高速公路、一级公路、二级公路的排水层应铺至与路基同宽，以利路面结构排水，保证路基稳定。一般情况下垫层宽度每侧至少应比底基层宽出25cm。

应当指出，不是任何路面结构都需要上述几个层次，而应根据具体情况设定。而且，层次的划分也不是一成不变的。例如，在道路改建中，旧路的面层则可成为新路面的基层。

四、路面分类

在路面设计中，从路面结构的力学特性出发，将路面分为下述三种类型：

1.柔性路面

柔性路面是指整体刚度较小，抗弯拉强度较低，主要靠抗压、抗剪强度来承受车辆荷载作用的路面。它主要包括用各种未经处理的粒料基层和各类沥青面层、碎（砾）石面层、块石面层所组成的路面结构。柔性路面的特点是刚度小，在荷载作用下产生的弯沉变形较大。车轮荷载通过各结构层向下传递到土基的压应力较大，因而对土基的强度和稳定性要求较高。

2.刚性路面

主要是指用水泥混凝土作面层或基层的路面结构。刚性路面与柔性路面的主要区别在于路面的破坏状态和它分布荷载到路基上的状态有所不同。刚性路面的特点是刚度与强度很高，弹性模量也大，结构呈板体性，分布到土基的荷载面较宽，传递到土基的应力较小。

3.半刚性路面

用水泥、石灰等无机结合料稳定类材料或石灰工业废渣修筑的基层，在前期具有柔性路面的力学性质，后期的强度和刚度均有较大幅度的增长，但最终的强度和刚度仍远小于水泥混凝土。这种基层称为半刚性基层，铺筑在半刚性基层上的沥青面层称为半刚性路面。

对于水泥混凝土路面，根据面板的构造特点可以分为单层式混凝土路面和复合式混凝土路面。复合式混凝土路面是指面板由两层或两层以上不同强度或不同类型的混凝土复合而成的水泥混凝土路面。复合式混凝土路面下层常采用经济混凝土或碾压混凝土，上层为普通混凝土，主要是为了解决碾压混凝土路面平整度不足的问题。

此外，在碾压混凝土板上或旧混凝土板上铺筑沥青混凝土面层属于另一类复合式路面结构。

五、路面结构可靠度分级

路面结构在规定的时间内和规定的条件下，完成预定功能的概率称为结构的可靠度。《公路工程结构可靠度设计统一标准》（GB/T 50283—1999）规定，公路工程路面结构的设计基准期 T 应采用：沥青混凝土路面结构不大于15年，水泥混凝土路面结构不大于30年。

公路工程结构的设计安全等级，根据结构破坏可能产生后果的严重程度划分为一级、二级、三级、四级四个等级。公路路面结构设计安全等级分别是：高速公路为一级、一级公路为二级、二级公路为三级,三、四级公路为四级。同一技术等级公路的路面结构宜取相同的安全等级,必要时部分地段的设计安全等级可降低一级。

度量路面结构可靠性的一种(由标准正态分布反函数定义的)数量指标称为可靠指标。公路工程结构设计应以规定的目标可靠指标为依据。与路面结构设计安全等级相对应的目标可靠指标分别为:高速公路 1.64,一级公路 1.28,二级公路 1.04,三、四级公路 0.84。

第二章　路面工作状况

第一节　行 车 荷 载

路基路面的主要功能是长期保证车辆快速、安全、舒适地通行。汽车荷载是造成路基路面结构损坏的主要原因。因此,为了保证设计的路基路面结构达到预计的功能,具有良好的结构性能,应对行驶的汽车进行分析。包括:汽车轮重与轴重的大小与特性;不同车型车轴的布置;设计期限内,汽车轴型的分布以及车轴通行量逐年增长的规律;汽车静态荷载与动态荷载对路基路面的作用特性等。

一、车辆的分类

公路上通行的汽车车辆主要分为客车与货车两大类。

客车又分为小客车、中客车与大客车。小客车自身质量与满载总质量都比较轻,但车速高,一般可达 120km/h,有的高档小客车可达 200km/h 以上;中客车一般包括 6 ~ 20 个座位的中型客车;大客车一般是指 20 个座位以上的大型客车(包括铰接车和双层客车),主要用于长途客运。

货车又分为整车、牵引式挂车和牵引式半挂车。整车的货厢与汽车发动机为一整体;牵引式挂车的牵引车与挂车是分离的,牵引车提供动力,牵引挂车,有时可以拖挂两辆以上的挂车;牵引式半挂车的牵引车与挂车也是分离的,但是通过铰接相互连接,牵引车的后轴也担负部分货车的质量,货车厢的后部有轮轴系统,而前部通过铰接悬架在牵引车上。货车总的发展趋势是向大吨位发展,特别是集装箱运输水陆联运业务开展之后,货车最大吨位已超过 50t。

汽车的总质量通过车轴与车轮传递给路面,所以路面结构的设计主要以轴重作为荷载标准。在公路上行驶的多种车辆的组合中,重型货车与大客车起决定作用,轻型货车与中、小客车影响很小,有时可以忽略不计。但是在考虑路面表面特性要求时,如平整性、抗滑性等,以小汽车为主要对象,因为小汽车的行驶速度高,在高速行车条件下应具有良好的平稳性与安全性。

二、路面设计使用的汽车参数

无论是客车还是货车,车身的全部重力都通过车轴上的车轮传给路面,对于路面结构设计而言,应更加重视汽车的轴重。由于轴重的大小直接关系到路面结构的设计承载力与结构强度,为了统一设计标准和便于交通管理,各个国家对于轴重的最大限度均有明确的规定。我国公路与城市道路路面设计规范中均以双轮组单轴 100kN 作为设计标准轴重。通常认为我国的道路车辆轴限为 100kN。

整车形式的客、货车车轴分前轴和后轴。绝大部分车辆的前轴为二个单轮组成的单轴,轴载约为汽车总重力的 1/3。极少数汽车的前轴由双轴单轮组成,双前轴的载重约为汽车总重的一半。汽车的后轴有单轴、双轴和三轴三种，大部分汽车后轴由双轮组组成，只有少量轻型货车由单轮组成后轴。每一根后轴的轴载大约为前轴轴载的两倍。目前，在我国公路上行驶的货车的后轴轴载，一般在 60～130kN 范围内，大部分在 100kN 以下。

由于汽车货运向大型重载方向发展，货车的总重有增加的趋势，为了满足各个国家对汽车轴限的规定，趋向于增加轴数以提高汽车总重，因此出现了各种多轴的货车。有些运输专用设备的平板挂车，采用多轴多轮，以便减轻对路面的压力。各种不同轴型的货车如图 2-1 所示。我国常用的部分汽车路面设计使用的参数见表 2-1。

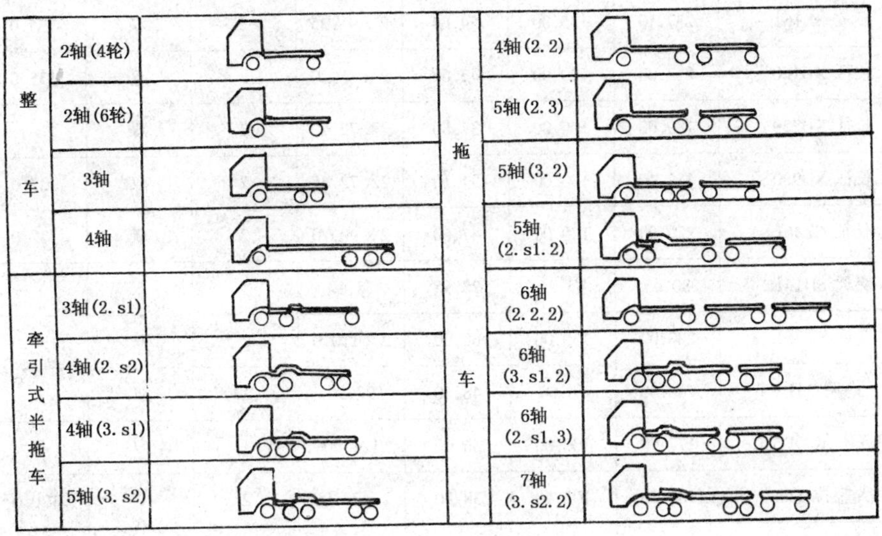

图 2-1　不同轴型的货车示意图

路面设计用汽车参数

表 2-1

序号	汽车型号	总重 (kN)	载重 (kN)	前轴重 (kN)	后轴重 (kN)	后轴数	轮组数	轴距 (cm)	出产国
1	解放 CA10B	80.25	40.00	19.40	60.85	1	双		中国
2	解放 CA15	91.35	50.00	20.97	70.38	1	双		中国
3	解放 CA30A	103.00	46.50	29.50	2×36.75	2	双		中国
4	解放 CA50	92.90	50.00	24.70	68.20	1	双		中国
5	解放 CA340	78.70	36.60	22.10	56.60	1	双		中国
6	解放 CA390	105.15	60.15	35.00	70.15	1	双		中国
7	东风 EQ140	92.90	50.00	23.70	69.20	1	双		中国
8	黄河 JN150	150.60	82.60	49.00	101.60	1	双		中国
9	黄河 JN162	174.50	100.00	59.50	115.00	1	双		中国
10	黄河 JN162A	178.50	100.00	62.28	116.22	1	双		中国

续上表

序号	汽 车 型 号	总重（kN）	载重（kN）	前轴重（kN）	后轴重（kN）	后轴数	轮组数	轴距（cm）	出产国
11	黄河 JN253	187.00	100.00	55.00	2×66.00	2	双		中国
12	黄河 JN360	270.00	150.00	50.00	2×110.0	2	双		中国
13	黄河 QD351	145.65	70.00	48.50	97.15	1	双		中国
14	延安 SX161	237.10	135.00	54.64	2×91.25	2	双	135.0	中国
15	长征 XD160	213.00	120.00	42.60	2×85.20	2	双	135.0	中国
16	长征 XD250	189.00	100.00	37.80	2×72.60	2	双		中国
17	长征 XD980	182.40	100.00	37.10	2×72.65	2	双	122.0	中国
18	长征 CZ361	229.00	120.00	47.60	2×90.70	2	双	132.0	中国
19	交通 SH141	80.65	43.25	25.55	55.10	1	双		中国
20	交通 SH361	280.00	150.00	60.00	2×110.0	2	双	130.0	中国
21	南阳 351	146.00	70.00	48.70	97.30	1	双		中国
22	齐齐哈尔 QQ560	177.00	100.00	56.00	121.00	1	双		中国
23	太脱拉 111	186.70	102.40	38.70	2×74.00	2	双	120.0	捷克
24	太脱拉 111R	188.40	102.40	37.40	2×75.50	2	双	122.0	捷克
25	太脱拉 111S	194.90	102.40	38.50	2×78.20	2	双	122.0	捷克
26	太脱拉 138	211.40	120.00	51.40	2×80.00	2	双	132.0	捷克
27	太脱拉 130S	218.40	120.00	50.60	2×88.90	2	双	132.0	捷克
28	斯柯达 706R	140.00	73.00	50.00	90.00	1	双		捷克
29	日野 KB222	154.50	80.00	50.20	104.30	1	双		日本
30	日野 KF300D	198.75	106.65	40.75	2×79.00	2	双	127.0	日本
31	尼桑 CK20L	149.85	85.25	49.85	100.00	1	双		日本
32	尼桑 CW(L)40HD	237.60	141.75	50.00	2×93.80	2	双		日本
33	扶桑 FP101	154.00	94.10	54.00	100.00	1	双		日本
34	扶桑 FV102N	254.00	164.95	54.35	2×100.00	2	双		日本
35	菲亚特 682N3	140.00	75.50	10.00	100.0	1	双		意大利
36	依士兹 TD50D	142.95	76.65	46.55	96.40	1	双		日本
37	依士兹 TD50	132.20	76.65	42.20	80.00	1	双		日本
38	依发 H6	132.00	65.65	45.50	86.50	1	双		德国

续上表

序号	汽车型号	总重(kN)	载重(kN)	前轴重(kN)	后轴重(kN)	后轴数	轮组数	轴距(cm)	出产国
39	布切奇 5BR2N	92.50	50.00	24.55	67.95	1	双		德国
40	喀什布阡 131	68.25	35.00	18.00	50.25	1	双		罗马尼亚
41	切贝尔 D350	72.00	35.00	24.00	50.25	1	双		罗马尼亚
42	切贝尔 D420	83.00	45.00	28.20	54.80	1	双		匈牙利
43	切贝尔 D45.01	101.00	55.00	32.00	69.00	1	双		匈牙利
44	切贝尔 D750.0	160.00	93.60	60.00	180.00	1	双		匈牙利
45	沃尔沃 N8648	175.00	100.00	55.00	120.00	1	双		瑞典
46	斯堪尼亚 L760	180.00	100.00	70.00	120.00	1	双		瑞典
47	玛斯 200	137.00	72.00	36.00	101.00	1	双		前苏联

三、汽车荷载对路面的作用

汽车在路面上行驶，将使路面产生应力、应变和位移，这是促使路面损坏的重要因素。但不同的车型对路面产生的损坏作用也不同。在路面设计时，一般考虑车辆荷载的下列因素：

(1)汽车对路面的作用力。汽车在路面上有停驻、行驶、制动、转向等状态，随着汽车在路面上运动状态的变化，车轮荷载的作用方向和作用力大小也将有所改变。

汽车停驻在路面上时，只考虑车轮对路面的垂直作用力，一般用 P 表示。垂直力的大小与汽车质量有关。车辆愈重，作用于路面上的垂直力愈大，作用深度愈深，因此垂直力是路面厚度计算的基本依据。

汽车在行驶时，对路面除有垂直力 P 以外，还有水平力的作用，一般用 Q 表示。据测定，汽车正常行驶时，Q 为$(0.2\sim0.3)P$；当制动和起动时，Q 约为$(0.75\sim0.8)P$。水平力的作用沿深度消失很快，一般显著有效深度只有 10～20cm。由于它的作用会使路面产生磨损、推移等，并都集中在路面面层。因此，要想消除它对路面的损坏作用，必须提高面层材料的抗剪强度。

汽车在不平整的路面上行驶时，车轮对路面还将产生振动力和冲击力。在刚性路面设计中，往往用提高垂直力数值的办法来考虑这些影响，即将垂直力乘以一个大于 1 的动荷系数。由于沥青路面具有一定的柔性，可以吸收汽车的冲击与振动，故在柔性路面设计中，只考虑垂直静压力。

(2)轴数与轴距。轴数与轴距从两方面影响着路面，即决定最危险点的应力的大小和荷载作用的时间。同一质量的汽车，轴数愈多，路面中产生的应力将愈小。如果轴距小，几个轴的荷载引起的应力相叠加，则加大了路面中的应力，从而恶化了路面的受力状态并缩短路面寿命。对于一定速度而言，轴距愈小，前后轴荷载之间的间隙时间就愈短。荷载间隙时间的减小会缩短路面疲劳寿命。

(3)轮数及轮距。它们和轴数与轴距一样决定着最危险点应力的大小。因为在一根轴上轮数愈多，着地面积愈大，路面的应力就愈小。而轮距愈小，车轮叠加作用产生的应力就愈大。

除了上述因素外，车轮接触面形状、压力和当量圆半径、交通量及交通组成、横向分布系数也是非常重要的影响因素。

四、轮迹当量圆及其计算

汽车的总重分布于轴上，而轴重又分布于轮上。车轮对路面的作用力是通过轮胎与路面的接触来传递的。因此，车轮对路面的作用力并不是集中荷载，而是分布荷载。

车轮与路面的实际接触面积，亦称轮印面积，其形状近似椭圆形，因轮胎表面做有各式花纹，故中间有很多空隙。路面设计中，为计算方便将其转化为等面积的圆形，简称为当量圆。当量圆的面积与轮重、轮胎尺寸、轮胎内压等因素有关。汽车的后轮轴每侧一般为双轮，将双轮轮迹的面积相加化为一个等值当量圆，称为单圆图式；将双轮的每个轮迹分别化为一个小圆，并且认为两个小圆面积是相等的，称为双圆图式，如图 2-2 所示。显然双圆图式比单圆图式更接近于实际情况。我国的《公路沥青路面设计规范》(JTJ 014—97)中规定采用双圆荷载计算图式。

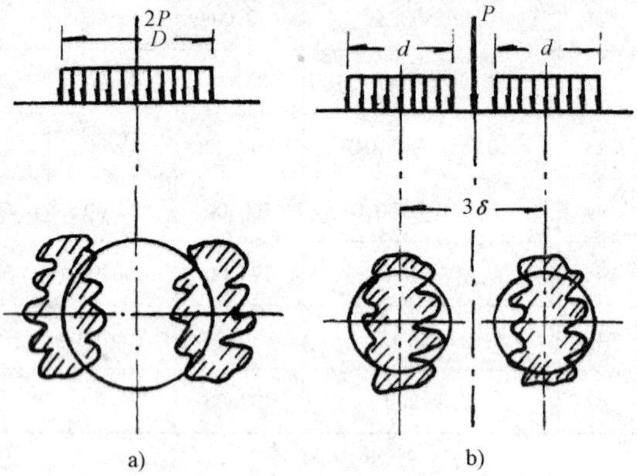

图 2-2　车轮轮印及其简化图式

a)单圆图式；b)双圆图式

在路面设计中，需要考虑轮迹当量圆的直径。假定单个轮重 P 的作用力是均匀分布在接触面上各点，则轮胎内压就是汽车荷载对路面的均布荷载 p 。对单圆图式而言，若当量圆的面积为 A ，则轮迹当量圆的直径 D 为：

$$D = \sqrt{\frac{4A}{\pi}} = \sqrt{\frac{4 \times 2P}{\pi p}} \tag{2-1}$$

对于双圆图式而言，当量圆的面积为 A，轮迹当量圆的直径 d 为：

$$d = \sqrt{\frac{4A}{\pi}} = \sqrt{\frac{4P}{\pi p}} \tag{2-2}$$

式中：p ——轮胎压强，kPa；

P——作用在车轮上的荷载，kN；

d、D——接触面当量圆半径，m。

五、交通量与轮迹横向分布

1.交通量

车辆对路面的损坏作用，除与车轮荷载的大小和方向有关外，还与它的作用次数有关。同一路面结构，在同一时间内，行驶的车辆愈多，路面愈易损坏；反之，行驶的车辆愈少，路面使用寿命愈长。因此，必须考虑荷载作用次数的影响。

在单位时间内，通过公路某一横断面的往返车辆数称为交通量。交通量可以按小时为单位统计，也可按日统计，还可按年统计。按小时统计的称为小时交通量，按日统计的称为日交通量，按年统计的称为年交通量。路面在整个使用期限内的行车总数，称为累计交通量。

事实上，任何一条道路的交通量都是随着时间、季节经常变化的。为了简化计算，对交通量随时间变化的情况，只能按一定的时间间隔来考虑，一般对逐时逐日变化的情况不予考虑，而考虑它逐年的变化情况。这样，常用的日平均交通量通常应理解为一年内每天交通量之和的算术平均值，即：

$$n = \frac{1}{365}\sum n_{\mathrm{i}} \tag{2-3}$$

式中：n——年平均日（昼夜）交通量，辆/d；

n_{i}——每天的实际交通量，辆/d。

2.交通量增长率

交通量是逐年增长的，增长的幅度取决于国家的政治、经济情况，道路的性质和作用，以及所在地区人口及经济发展情况等。在路面设计中要求知道交通量增长的规律。经调查研究，一般认为交通量的增长符合几何级数的递增规律，即：

$$n_{\mathrm{t}} = (1+\gamma)^{\mathrm{t}-1} n_1 \tag{2-4}$$

式中：n_{t}——第 t 年的年平均日交通量，辆/d；

n_1——第 1 年的年平均日交通量，辆/d；

γ——交通量的平均年增长率，%。

交通量增长率 γ 既可以根据性质相似的已有道路的交通量调查资料确定，也可根据当地汽车燃油消耗量的增长或汽车牌照税的增长资料推算。

3.混合交通量与换算交通量

公路上行驶的车辆是各种各样的，它们对路面损害也各不相同。因此在统计交通量时，必须将车型加以区分。在路面设计中一般是按后轴重来划分。我国目前将后轴重在 100kN 以上的车辆划为重车；后轴重为 60 ~ 100kN 的车辆划为中车；后轴重在 40 ~ 60kN 间的车辆划为轻车，后轴重在 40kN 以下的车辆划为小车。

对多后轴车辆，一般是有几个后轴就算有几辆相应轴重的车。对于挂车，则根据它的吨位换算成相应轴重的汽车。

由于轻、重车对路面的损害作用不同，在路面设计时，必须根据损害等效原理进行车辆换算，即将各种车辆的交通量换算成某种标准车的交通量。关于车辆换算的方法将在后面介绍。未换算的交通量，称为混合通量。换算为某标准车的交通量称之为相应标准车的换算交通量。

4.轮迹横向分布规律

路面的使用寿命并不直接与交通量发生关系，而是与车轮实际作用次数有关。所谓车轮实际作用次数，是指在路面某一点上车轮碾压的实际次数。由于汽车在道路上行驶，并不像火车那样固定在一个轨道上，而是分散在路面的全宽，路面愈宽分散性愈大。图 2-3 给出了单车道混合行驶道路上车轮实际作用次数沿路面横向距离变化的示意图。

从图中可以看出：第一，路面宽度内各部分经受的车轮碾压次数是不均等的。在路面中间部分经受的碾压次数最大，愈靠近路面边缘愈小，据此有理由将路面中间部分设计得厚些，边缘部分设计得薄些，以使路面在全宽范围内有相同的寿命。但在实际设计中为了施工方便，设计时以中间行车最集中部分的标准荷载作用次数为依据设计成等厚路面。第二，路面中间部分车轮碾压概率最大值，对于不同宽度（或不同车道数）的路

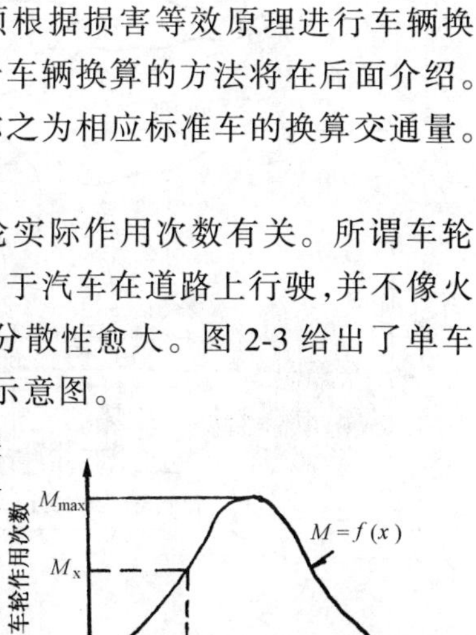

图 2-3　车轮实际作用次数横向分布图

面是不一样的。这意味着当交通量相同时，在宽度（或车道数）不同的两条公路上路面中间部分实际车轮作用次数是不同的，因此，若两种情况下路面结构相同，但使用寿命却不同。

为了考虑上述因素的影响，在路面设计时，必须对路面全宽范围内车轮实际作用总次数乘上一个系数，使之折算为相应于不同宽度（或不同车道数）的路面行车最集中部分的车轮实际作用次数，该系数称为轮迹横向分布系数。

第二节　公路自然区划及路基土的工程性质

一、公路自然区划

我国各地气候、地形、地貌、水文地质等自然条件相差很大，而这些自然条件与公路建设密切相关。为区分不同地理区域自然条件对公路工程的影响，并在路基路面的设计、施工和养护中采取适当的技术措施和采用合适的设计参数，以体现各地公路设计与施工的特点，侧重必须解决的问题，更有利于保证公路的质量和经济合理，经过长期研究，制定了《公路自然区划标准》（JTJ 003）。

为使自然区划便于在实践中应用，结合我国地理、气候特点，将全国的公路自然区划分为三个等级。一、二级区划的具体位置与界限如图 2-4 所示。

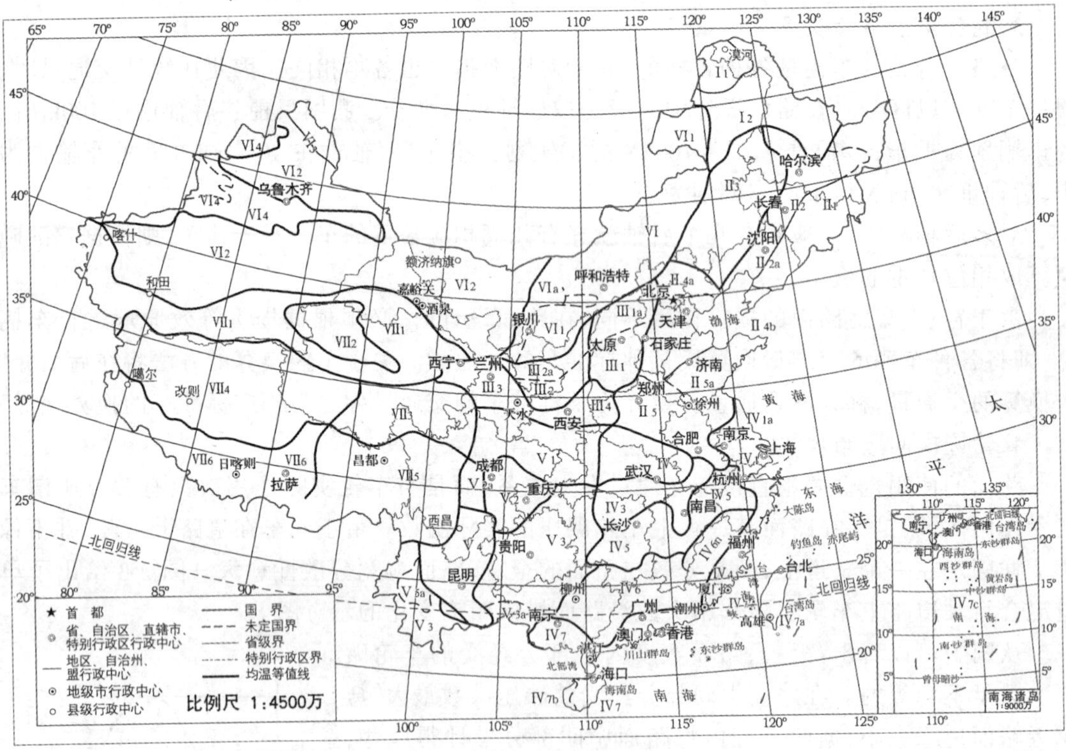

图 2-4　全国公路自然区划图

1. 一级区划

根据不同地理、气候、构造、地貌界限的交错和叠合，将我国分为七个一级自然区。即：

Ⅰ. 北部多年冻土区；

Ⅱ.东部温润季冻区；

Ⅲ.黄土高原干湿过渡区；

Ⅳ.东南湿热区；

Ⅴ.西南潮湿区；

Ⅵ.西北干旱区；

Ⅶ.青藏高寒区。

我国7个一级自然区的路面结构设计注重的特点各有不同，根据各地区经验，可大致归纳如下：

Ⅰ区——北部多年冻土区

该区北部为连续分布多年冻土，南部为岛状分布多年冻土。对于泥沼地多年冻土层，最重要的道路设计原则是保温，不要轻易挖去覆盖层，使路堤下保持冻结状态，若受大气热量影响融化，后患无穷。对于非多年冻土层的处理方法则不同，需将泥炭层全部或局部挖去，排干水分，然后填筑路堤。该区主要是林区道路，路面结构为中级路面。林区山地道路，因表土湿度大，地面径流大，最易翻浆，应采取换土、稳定类材料、砂垫层等处理方法。

Ⅱ区——东部温润季冻区

该区路面结构突出的问题是翻浆和冻胀。翻浆的轻重程度取决于路基的潮湿状态，可根据不同的路基潮湿状态采取措施。该区缺乏砂石材料，采用稳定类材料基层已取得一定的经验。

Ⅲ区——黄土高原干湿过渡区

该区的特点是黄土对水分的敏感性，干燥土基强度高、稳定性好。在河谷盆地的潮湿路段以及灌区耕地，土基稳定性差，强度低，必须认真处理。

Ⅳ区——东南湿热区

该区雨量充足集中，雨型季节性强，台风暴雨多，水毁、冲刷、滑坡是道路的主要病害，路面结构应结合排水系统进行设计。该区水稻田多，土基湿软、强度低，必须认真对待。由于气温高、热季长，要注意沥青类面层材料的热稳定性和防透水性。

Ⅴ区——西南潮湿区

该区山多，筑路材料丰富，应充分利用当地材料筑路。对于水文不良路段，必须采取措施，稳定路基。

Ⅵ区——西北干旱区

该区大部分地下水位很低，虽然冻深多在100~150cm以上，但一般道路冻害较轻。个别地区，如河套灌区、内蒙草原洼地，地下水位高，翻浆严重。丘陵区1.5m以上的深路堑冬季积雪厚，雪水浸入路面造成危害，所以沥青面层材料应具有良好的防透水性，路肩也应作防水处理。由于气候干燥，砂石路面经常出现松散、搓板和波浪现象。

Ⅶ区——青藏高寒区

该区局部路段有多年冻土，须按保温原则设计。由于地处高原，气候寒冷，昼夜气温相差很大，日照时间长，沥青老化很快，又因为年平均气温相对偏低，路面易遭受冬季雪水渗入而破坏。

2.二级区划

二级区划仍以气候和地形为主导因素，但具体标志与一级区划有显著区别。一级自然区的共同标志为气候因素潮湿系数 K 值(即年降水量与年蒸发量之比)，地形因素是独立的地形单元。二级区划的划分则需因区而异，将上述标志具体化或加以补充，其标志是以潮湿系数 K 为主的一个标志体系。

根据二级区划的主导因素与标志，在全国七个一级自然区内又分为 33 个二级区和 19 个副区（亚区），共有 52 个二级自然区。它们的名称见表 2-2 所列，各二级区的区界、自然条件对工程的影响详见有关标准及其附录。

公路自然区划名称表 表 2-2

I 北部多年冻土区

I_1 连续多年冻土区

I_2 岛状多年冻土区

II 东部温润季冻区

II_1 东北东部山地润湿冻区

II_{1a} 三江平原副区

II_2 东北中部山前平原重冻区

II_{2a} 辽河平原冻融交替副区

II_3 东北西部润干冻区

II_4 海栾中冻区

II_{4a} 冀热山地副区

II_{4b} 旅大丘陵副区

II_5 鲁豫轻冻区

II_{5a} 山东丘陵副区

III 黄土高原干湿过渡区

III_1 山西山地、盆地中冻区

III_{1a} 雁北张宣副区

III_2 陕北典型黄土高原中冻区

III_{2a} 榆林副区

III_3 甘东黄土山地区

III_4 黄渭间山地、盆地轻冻区

IV 东南湿热区

IV_1 长江下游平原润湿区

IV_{1a} 盐城副区

IV_2 江淮丘岭、山地湿润区

IV_3 长江中游平原中湿区

IV_4 浙闽沿海山地中湿区

IV_5 江南丘陵过湿区

IV_6 武夷南岭山地过湿区

IV_{6a} 武夷副区

IV_7 华南沿海台风区

IV_{7a} 台湾山地副区

IV_{7b} 海南岛西部润干副区

IV_{7c} 南海诸岛副区

V 西南潮湿区

V_1 秦巴山地润湿区

V_2 四川盆地中湿区

V_{2a} 雅安乐山过湿副区

V_3 三西、贵州山地过湿区

V_{3a} 滇南、桂西润湿副区

V_4 川、滇、黔高原干湿交替区

V_5 滇西横断山地区

V_{5a} 大理副区

VI 西北干旱区

VI_1 内蒙草原中干区

VI_{1a} 河套副区

VI_2 绿洲、荒漠区

VI_3 阿尔泰山地冻土区

VI_4 天山、界山山地区

VI_{4a} 塔城副区

VI_{4b} 伊犁河谷副区

VII 青藏高寒区

VII_1 祈连、昆仑山地区

VII_2 柴达木荒漠区

VII_3 河源山原草甸区

VII_4 羌塘高原冻土区

VII_5 川藏高山峡谷区

VII_6 藏南高山台地区

VII_{6a} 拉萨副区

3.三级区划

三级区划是二级区划的进一步划分。三级区划的方法有两种,一种是按照地貌、水文和土质类型将二级自然区进一步划分为若干类型单元;另一种是继续以水热、地理和地貌等标志将二级区划细分为若干区域。各地可根据当地的具体情况选用。

二、路基土的工程性质

按照现行的《公路土工试验规程》(JTJ 051)中土的工程分类方法,将土分为巨粒土、粗粒土、细粒土和特殊土四大类,分类总体系如图 2-5 所示。各土组的主要工程性质如下:

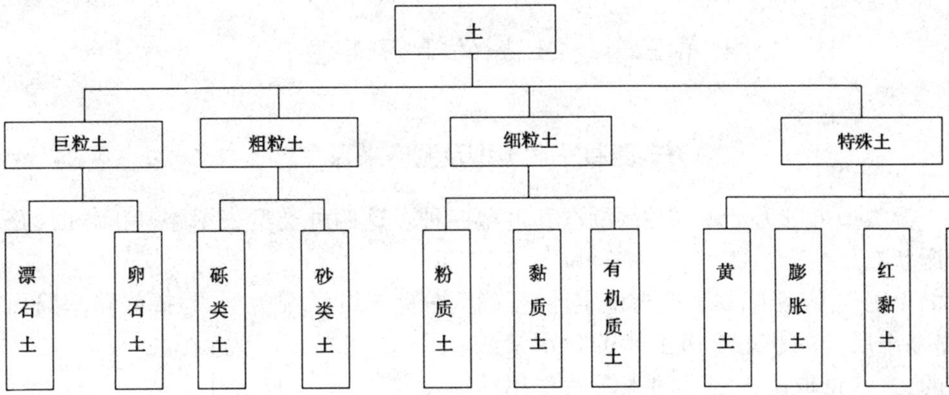

图 2-5　路基土分类总体系

1.巨粒土

巨粒土有很高的强度及稳定性,是填筑路基的很好材料。对于漂石土,在码砌边坡时,应正确选用边坡值,以保证路基稳定。对于卵石土,填筑时应保证有足够的密实度。

2.粗粒土

砾类土由于粒径较大,内摩擦力亦大,因而强度和稳定性均能满足要求。级配良好的砾类土混合料,密实程度好。对于级配不良的砾类土混合料,填筑时应保证密实程度,防止由于空隙大而造成路基积水、不均匀沉陷或表面松散等病害。

砂类土又可分为砂、含细粒土砂(或称砂土)和细粒土质砂(或称砂性土)三种。

砂和含细粒土砂无塑性,透水性强,毛细上升高度很小,具有较大的摩擦系数,强度和水稳定性较好。但由于黏性小,易于松散,压实困难,需用振动法或灌水法才能压实。为克服这一缺点,可添加一些黏质土,以改善其使用质量。

细粒土质砂既含有一定数量的粗颗粒,使路基具有足够的强度和水稳性,又含有一定数量的细颗粒,使其具有一定的黏性,不致过分松散。一般遇水干得快,不膨胀,干时有足够的黏结性,扬尘少,容易被压实。因此,细粒土质砂是修筑路基的良好材料。

3.细粒土

粉质土为最差的筑路材料。它含有较多的粉土粒，干时稍有黏性，但易被压碎，扬尘性大，浸水时很快被湿透，易成稀泥。粉质土的毛细作用强烈，上升速度快，毛细上升高度一般可达0.9～1.5 m，在季节性冰冻地区，水分积聚现象严重，造成严重的冬季冻胀，春融期间出现翻浆，故又称翻浆土。如遇粉质土，特别是在不良水文条件下，应采取一定的措施，改善其工程性质。

黏质土透水性很差,黏聚力大,因而干时硬,不易挖掘。它具有较大的可塑性、黏结性和膨胀性，毛细管现象也很显著，用来填筑路基比粉质土好，但不如细粒土质砂。浸水后黏质土能较长时间保持水分，因而承载能力小。对于黏质土如在适当的含水量时加以充分压实和有良好的排水设施，筑成的路基也能获得稳定。

有机质土（如泥炭、腐殖土等）不宜作路基填料，如遇有机质土，应在设计和施工上采取适当措施。

4.特殊土

黄土属大孔和多孔结构，具有湿陷性；膨胀土受水浸湿发生膨胀，失水则收缩；红黏土失水后体积收缩量较大；盐渍土潮湿时承载力很低。因此，特殊土也不宜作路基填料。

第三节　土基的干湿类型

一、路基干湿类型及湿度来源

土基干湿类型可分为干燥、中湿、潮湿和过湿四种。这四种类型表示路基工作时，路基土所处的干湿状态。

路基的干湿类型，影响其强度与稳定性，正确区分路基的干湿类型，是搞好路基路面设计的前提。路基土所处的状态是由土体的含水量或稠度决定的，含水量取决于湿度的来源及作用的延续时间。导致路基湿度变化的水源见图 2-6。

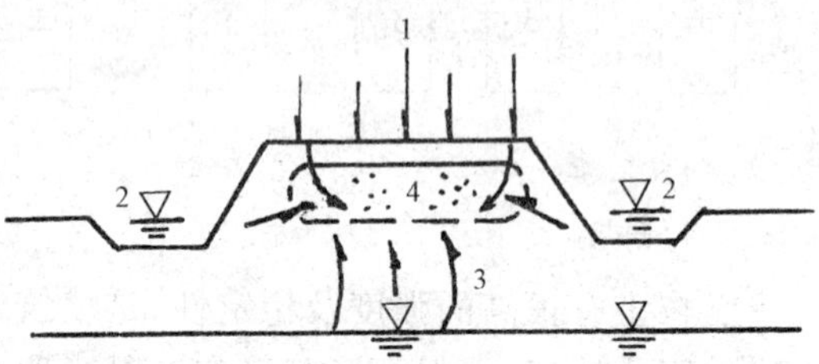

图 2-6　路基湿度来源示意图

1-降水；2-地面水；3-毛细水；4-凝结水

(1)大气降水　大气降水通过路面、路肩和边坡渗入路基；

(2)地面水　边沟及排水不良时的地表积水，以毛细水的形式渗入；

(3)地下水　靠近地面的地下水，借助毛细作用上升到路基内部；

(4)凝结水　在土颗粒空隙中流动的水蒸气，遇冷凝结为水。

二、路基干湿类型划分方法

1.根据平均稠度划分

路基土的稠度 w_c 是指土的液限含水量 w_L 与土的含水量 w 之差和土的液限含水量 w_L 与塑限含水量 w_p 之差的比值，即：

$$w_c = (w_L - w)/(w_L - w_p) \tag{2-5}$$

土的稠度较准确地表示了土的各种形态与湿度的关系，稠度指标综合了土的塑性特性，包含了液限与塑限，全面直观地反映了土的硬软程度，物理概念明确。

(1) $w_c = 1.0$，即 $w = w_p$，为半固体与硬塑状的分界值；

(2) $w_c = 0$，即 $w_c = w_L$，为流塑与流动状的分界值；

(3) $1.0 > w_c > 0$，即 $w_L > w > w_p$，土处于可塑状态。

我国现行的《公路沥青路面设计规范》(JTG D50—2006)中规定，路基的干湿类型可以实测不利季节（路基路面结构处于最不利工作状态的季节）路床表面以下 80cm 深度内土的平均稠度 $\bar{w}_c$，再按表 2-3 中土基干湿状态的稠度建议值确定。

沥青路面土基干湿类型的稠度建议值 表 2-3

干湿类型 / 土组	干燥状态	中湿状态	潮湿状态	过湿状态
	$w_c \geq w_{c1}$	$w_{c1} > w_c \geq w_{c2}$	$w_{c2} > w_c \geq w_{c3}$	$w_c < w_{c3}$
土质砂	$w_c \geq 1.20$	$1.20 > w_c \geq 1.00$	$1.00 > w_c \geq 0.85$	$w_c < 0.85$
黏质土	$w_c \geq 1.10$	$1.10 > w_c \geq 0.95$	$0.95 > w_c \geq 0.80$	$w_c < 0.80$
粉质土	$w_c \geq 1.05$	$1.05 > w_c \geq 0.90$	$0.90 > w_c \geq 0.75$	$w_c < 0.75$

注：w_{c1}、w_{c2}、w_{c3}分别为干燥和中湿、中湿和潮湿、潮湿和过湿状态路基土的分界稠度，w_c为路床表面以下 80cm 深度内的平均稠度。

不利季节路床表面以下 80cm 深度内土的平均稠度确定方法是：在路床表面以下 80cm 深度内，每 10cm 取土样测定其天然含水量、塑限含水量和液限含水量，按式(2-6)和式(2-7)计算。

$$w_{ci} = (w_{Li} - w_i)/(w_{Li} - w_{pi}) \tag{2-6}$$

$$\bar{w}_c = \frac{\sum_{i=1}^{8} w_{ci}}{8} \tag{2-7}$$

式中：w_i——路床表面以下 80cm 深度内，每 10cm 为一层，第 i 层土的天然含水量，%；

w_{Li}——同一层土的液限含水量(液塑限联合测定仪测定)，%；

w_{pi}——同一层土的塑限含水量(液塑限联合测定仪测定)，%；

w_{ci}——第 i 层土的稠度；

$\bar{w}_c$——路床表面下 80cm 深度内土的算术平均稠度。

在水泥混凝土路面设计中，土基的干湿类型亦可按不利季节路床表面以下 80cm 深度内土的平均稠度来划分，划分方法同表 2-3。

2.根据临界高度划分

对于新建公路，路基尚未建成，无法按上述方法现场勘查路基的湿度状况，可以用路基临界高度作为判别标准。当路基的地下水位或地表积水水位一定的情况下，路基的湿度由下而上逐渐减小，如图 2-7 所示。在不利季节，当路基处于某种干湿状态时，路床表面距地下水位或地表积水水位的最小高度称为路基临界高度。即：

H_1 对应于 w_{c1}，为干燥和中湿状态的临界高度；

H_2 对应于 w_{c2}，为中湿与潮湿状态的临界高度；

H_3 对应于 w_{c3}，为潮湿和过湿状态的临界高度。

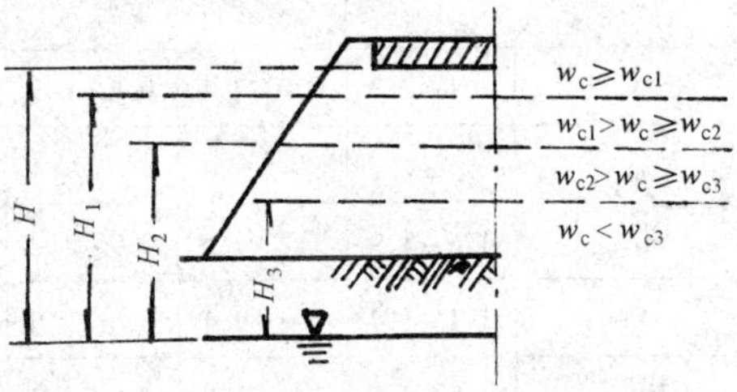

图 2-7 路基临界高度与路基干湿类型

地下水位或地表长期积水水位，通过公路勘测设计野外调查获得，路基高度从路线纵断面图或路基设计表中查得，扣除预估的路面厚度，即可得到路床顶面距地下水位或地表积水水位的高度 H。

在设计新建公路时，先选定路基处于干燥、中湿、潮湿状态的临界高度 H_1、H_2、H_3，再按表 2-4 判断土基的干湿类型。

为了保证路基的强度和稳定性不受地下水或地表积水的影响，在设计路基时，要求路基保持干燥或中湿状态，路床顶面距地下水位或地表积水水位的距离，要大于或等于干燥、中湿状态所对应的临界高度。

路基干湿类型 表 2-4

路基干湿类型	平均稠度 w_c	一般特征
干　燥	$w_c \geq w_{c1}$	路基干燥、稳定，路基上部土层的强度不受地下和地面积水的影响。$H > H_1$
中　湿	$w_{c1} > w_c \geq w_{c2}$	路基上部土层处于地下水或地表积水影响的过渡区内。$H_2 < H \leq H_1$
潮　湿	$w_{c2} > w_c \geq w_{c3}$	路基上部土层处于地下水或地表积水的毛细影响区内。$H_3 < H \leq H_2$
过　湿	$w_c < w_{c3}$	路基极不稳定，冰冻区春融翻浆，非冰冻区雨季软弹。$H \leq H_3$

三、路基临界高度与最小填土高度

路基临界高度可根据土质、气候因素按当地经验确定。不同气候区及土质的临界高度参考值见表 2-5、表 2-6。

路基临界高度参考值 表 2-5

公路自然区划	细粒土质砂			黏质土			粉质土		
	H_1	H_2	H_3	H_1	H_2	H_3	H_1	H_2	H_3
Ⅱ									
$Ⅲ_{1\cdot4}$									
$Ⅲ_{2\cdot3}$	1.1～1.3	0.9～1.1	0.6～0.9	1.6～2.2	1.2～1.6	0.9～1.2	1.8～2.4	1.4～1.8	1.0～1.4
$Ⅳ_3$				0.8～0.9	0.5～0.6	0.3～0.4	0.9～1.0	0.6～0.7	0.3～0.4
$Ⅳ_{5\cdot6}$				0.9～1.1	0.5～0.7	0.3～0.4			
$Ⅴ_1$	1.1～1.3	0.9～1.1	0.6～0.9	1.6～2.0	1.2～1.6	0.8～1.2	1.7～2.2	1.3～1.7	0.9～1.3
$Ⅴ_{2\cdot3\cdot4\cdot5}$									
$Ⅵ_{1\cdot3\cdot4}$	1.6～1.9	1.2～1.5	0.9～1.2	1.9～2.1	1.4～1.7	1.1～1.4	2.1～2.4	1.6～1.9	1.1～1.4
$Ⅵ_2$	1.1～1.4	0.9～1.1	0.6～0.9	1.6～2.2	1.2～1.6	0.7～1.2	1.8～2.3	1.4～1.8	0.9～1.4
$Ⅶ_{1\cdot4}$	1.8～2.1	1.4～1.6	1.0～1.3	1.8～2.1	1.4～1.6	1.1～1.2	2.1～2.4	1.6～1.8	1.1～1.3
$Ⅶ_{2\cdot6}$				1.8～2.5	1.4～1.8	1.1～1.4	2.2～2.7	1.6～2.1	1.1～1.5
$Ⅶ_3$	1.2～1.5	0.9～1.2	0.6～0.9	1.7～2.3	1.3～1.7	0.7～1.3	2.0～2.4	1.6～2.0	1.0～1.6
$Ⅶ_5$	2.2～2.6	1.8～2.2	1.4～1.8	2.2～2.6	1.8～2.2	1.4～1.8	2.7～3.1	2.0～2.4	1.3～1.7

注：①公路自然区划按现行的《公路自然区划标准》执行；

②表中数值为距地表长期积水位的临界高度(m)；

③地面积水指不利季节积水 20d 以上。

路基临界高度参考值　　表 2-6

公路自然区划	细粒土质砂			黏质土			粉质土		
	H_1	H_2	H_3	H_1	H_2	H_3	H_1	H_2	H_3
$\text{II}_{1\cdot2}$				2.7～3.0	2.0～2.2		3.4～3.8	2.6～3.0	1.9～2.2
II_3	1.9～2.2	1.3～1.6		2.3～2.7	1.6～2.0		2.8～3.2	2.0～2.4	1.4～1.8
II_4				2.4～2.6	1.9～2.1	1.2～1.4	2.6～2.8	2.1～2.3	1.4～1.6
II_5	1.1～1.5	0.1～1.1		2.1～2.5	1.6～2.0		2.4～2.9	1.8～2.3	
$\text{III}_{1\cdot4}$							2.4～3.0	1.7～2.4	
$\text{III}_{2\cdot3}$	1.3～1.6	1.1～1.3	0.9～1.1	2.1～2.7	1.6～2.1	1.2～1.6	2.4～2.8	1.8～2.4	1.4～1.8
$\text{IV}_{1\cdot2\cdot3\cdot5}$				1.5～1.9	1.1～1.4	0.8～1.0	1.7～2.1	1.2～1.5	0.8～1.1
IV_4	1.0～1.1	0.7～0.8		1.7～1.8	1.0～1.2	0.8～1.0			
IV_6	1.0～1.1	0.7～0.8		1.6～2.0	1.1～1.5	0.7～1.1	1.8～2.2	1.3～1.6	0.9～1.1
IV_7				1.7～1.8	1.4～1.5	1.1～1.2			
V_1	1.3～1.6	1.1～1.3	0.9～1.1	2.0～2.4	1.6～2.0	1.2～1.6	2.2～2.6	1.7～2.2	1.3～1.7
$\text{V}_{2\cdot3\cdot4\cdot5}$				1.7～2.2	0.7～1.1	0.3～0.6	1.9～2.5	1.3～1.6	0.5～0.7
$\text{VI}_{1\cdot3\cdot4}$	1.9～2.2	1.5～1.8	1.1～1.4	2.2～2.4	1.7～2.0	1.4～1.6	2.4～2.6	1.9～2.2	1.4～1.6
VI_2	1.4～1.7	1.1～1.4	0.9～1.1	2.2～2.7	1.6～2.2	1.2～1.6	2.3～2.7	1.8～2.3	1.4～1.8
$\text{VII}_{1\cdot4}$	2.1～2.2	1.6～1.9	1.3～1.6	2.1～2.2	1.6～1.9	1.3～1.6	2.3～2.5	1.8～2.0	1.3～1.5
$\text{VII}_{2\cdot6}$				2.3～2.8	1.9～2.3	1.6～1.9	2.5～2.9	2.1～2.5	1.6～1.8
VII_3	1.5～1.8	1.2～1.5	0.9～1.2	2.3～2.8	1.7～2.3	1.3～1.7	2.4～3.1	2.0～2.4	1.6～2.0
VII_5	2.8～3.2	2.2～2.6	1.7～2.1	3.1～3.5	2.4～2.8	1.9～2.3	3.6～4.0	2.0～2.4	1.4～1.8

注：①公路自然区划按现行的《公路自然区划标准》执行；

②表中数值为距地下水位的临界高度(m)。

路基最小填土高度是指为保证路基稳定，根据土质、气候和水文地质条件，所规定的路肩边缘距原地面的最小高度。为利于排水，干燥路基最小填土高度规定为：细粒土质砂 0.3～0.5m，黏质土 0.4～0.7m；粉质土 0.5～0.8m。

挖方或填筑路堤有困难的地段可加深边沟，使路肩边缘距边沟底面的高度符合上述规定。当路基填土高度不能满足上述规定时，则应采取相应的措施，以保证路基的强度与稳定。

沿河受水浸淹的路基高度应高出路基设计洪水频率计算水位加壅水高、再加波浪侵袭高以上 0.5m。

第四节　自然因素对路面的影响

路面在自然环境中，除直接承受车轮荷载作用外，还直接受水、温度、阳光、空气等自然因素的影响。自然因素既有促进路面成形、稳定等有利的方面，也有促使路面软化、破坏和影响施工的不利方面，了解自然因素对路面的作用情况，充分利用其有利方面而避其不利方面，在设计、施工和养护中都是十分重要的问题。

一、湿度变化对路面的影响

湿度状况的变化是影响路面结构强度、刚度和稳定性的重要因素之一。路面中水的影响与道路所在地区的自然条件、季节、雨量、气温、蒸发条件及道路本身的排水能力等因素有关。路面结构层中的水分主要有三个来源：一是土基中的毛细水；二是边沟渗水；三是路面渗水。土基中毛细水来源于地下水，边沟和路面渗水来源于降雨和地面径流。

土基中的毛细水上升高度取决于路基土质和土基压实度。路面渗水情况与路面面层类型和路面纵横向坡度有关。地下水位的高低和地面滞水情况，也是影响路面湿度的重要因素。显然，地下水位愈高，地面滞水愈多，路面愈潮湿。反之，路面则干燥。为保证路面处于干燥状态，首先要保证土基不过分潮湿。

路面结构中，基、垫层材料在最佳含水量下压实可得到最大密实度，并有较高的力学强度。含水量过大时，材料过分潮湿，其强度大大降低，变形也增大。但如果含水量过小，材料颗粒之间由于缺乏水膜黏结作用，会发生松散；由于缺乏润滑作用，压实度不高，同样也不会有较高的力学强度。沥青面层在水的作用下，沥青与石料的粘附力降低，导致石料与沥青剥离，从而使路面发生松散、坑槽等病害。水对水泥混凝土面层影响不大，但对其下的土基与基、垫层的影响与柔性路面是一样的。

路面材料可根据对水的敏感性，区分为水稳性材料和非水稳性材料。所谓水稳性材料，就是在水的影响下，力学强度不显著降低的材料；非水稳性材料是在水的影响下，力学强度显著降低的材料。一般来讲，二渣、三渣、水淬渣、水泥土、石灰土和二灰土等是水稳性好的材料，而未经处理的含土的材料，如泥结碎(砾)石和级配砂砾等是非水稳性材料，这些材料不应在潮湿路段使用。

二、气温变化对路面的影响

大气温度同样是影响路面结构强度的重要因素。同一路面，在炎热的夏季和严寒的冬天可能有不同的使用品质。就是在一天之内，路面的工作状态也会有差异，因此应考虑气温对路面的影响。

气温的变化将直接影响路面强度或内部应力的变化，因为气温的变化会导致路面本身的温度发生变化，路面的温度还受地温和周围环境的影响，例如公路的绿化、建筑群与公路的距离等的影响。在一般情况下，气温升高，路面温度亦升高；反之，路面温度则降低。

水泥混凝土路面受温差的影响，将产生体积的变化。在一年四季中，由于温差所引起的体积变化如果受到约束，将产生很大的温度应力，有时还能超过荷载产生的应力。由季节变化引起的混凝土板内的胀缩应力必须通过将混凝土路面划分成一定尺寸的板块来克服。此外还应考虑由于昼夜温度变化而引起的板顶与板底温差所产生的翘曲应力。

沥青类路面材料的强度随温度变化而变化，这种特性称为温度稳定性。它可以用来衡量路面材料对温度的敏感程度。温度稳定性差的材料在温度变化时，强度显著降低。由于沥青材料本身对温度非常敏感，因此沥青类路面也对温度非常敏感。由于温度的改变，沥青路面结构的强度和弹性模量会发生几倍甚至十几倍的变化。

沥青路面结构的强度随温度的升高而显著降低的原因在于：温度升高后，混合料中沥青稠度降低，一部分吸附沥青转化为自由沥青，这些自由沥青在颗粒间起着润滑作用，从而使黏结力降低。

温度过低，对沥青路面也是不利的，此时虽然弹性模量很高，但变形能力却很小，容易发生脆裂。

气温对无机结合料稳定的路面结构层的初期成型也有很大的影响。石灰土、工业废渣基层，在成型期间如气温高，在正常含水量和压实度的情况下，可以获得较高的强度。反之，如果在成型期间气温过低，即使含水量和压实度都正常，也不会有较高的强度，致使成型期延长。因此，这类基层宜于热季施工。

三、水、温共同作用对路面的影响

负温度与水的共同作用，往往给路面和土基带来不利的影响。冬季冻胀，春季翻浆，这是寒冷地区和季节性冰冻地区公路的主要病害之一。

在北方地区，随着冬季来临，上层土基开始冰冻。随着气温下降，土基冻结深度不断向下发展，其上层温度低而下层温度高，形成了负温度坡差。在负温区内，土中的自由水首先冻结，形成冰晶体。由于土粒上的结合水膜变薄，土粒表面剩余自然能就要从水膜较厚的土粒吸附水分。这样就产生了土基内温度较高的水分不断向温度较低处移动的现象，这就是负温差作用下的水分迁移现象。由于水分源源不断地移向0℃等温线处的冰晶体，并在此不断地冻结，使冰晶体不断扩大。水结成冰时，其体积将膨胀9%，这就形成了路面的冻胀。冻胀的程度与土基温度、水分来源和气候条件有关。若入冬尚暖，降温缓慢，则土基冻结进度也缓慢，冰冻线长时间停留在土基上层某个深度，水分就会积聚在该处，形成聚冰层。聚冰层愈靠近路面，冻胀愈严重。

春天，气温逐渐回升到0℃以上，土基开始解冻，由于路面的导热性大，路中间的融解速度较两侧快，因而融解过程中过量的水分不易向下及两侧排除，土基上层含水量增大，当融解到聚冰层时，土基的湿度便达到饱和程度。因此，土基的承载力降低。如果有大量的运输车辆通过，尤其是重车的通过，稀软的泥浆便会沿着开裂的路面缝隙挤出或形成较深的车辙和鼓包，这就是翻浆现象。翻浆的严重程度与春季气候有密切关系，如春季气温回升很快，土基上层解冻迅速，土层中积聚的过量水分来不及排除，翻浆所造成的危害就严重。倘若春融期再降雨，则翻浆程度将更加严重。如春季气温回升缓慢，且干燥无雨，翻浆程度就会减轻。

造成道路冻胀与翻浆的条件主要有：

(1)土质　若采用粉质土作路基，便构成了冻胀与翻浆的内因；

(2)水文　地面排水困难或地下水位较高的地段，为水分积聚提供了充足的水源；

(3)气候　多雨的秋天，暖和的冬天，骤热的早春等，是加剧湿度积累而造成翻浆的气候条件；

(4)行车　通行过大的交通量或过重的汽车，能加速翻浆的发生；

(5)养护　不及时的养护会促成翻浆的出现。

第三章　路面结构层

第一节　无机结合料稳定类材料结构层

一、无机结合料稳定类材料结构层的特性

在粉碎的或原来松散的土中或集料中掺入一定量的无机结合料(包括水泥、石灰或工业废渣等)和水,经拌和得到的混合料在压实与养生后,其抗压强度符合规定要求的材料称为无机结合料稳定类材料,以此修筑的路面结构层称为无机结合料稳定类材料结构层。

无机结合料稳定类材料结构层具有稳定性好、抗冻性能强、结构本身自成板体等特点,广泛用于修筑路面结构的基层和底基层。但其耐磨性差,不宜用作面层。

稳定类材料中的土,按照土中单个颗粒(指碎石、砾石和砂颗粒)的粒径大小和组成,将其分为下列三种:

细粒土:颗粒的最大粒径小于9.5mm,且其中小于2.36mm的颗粒含量不少于90%;

中粒土:颗粒的最大粒径小于26.5mm,且其中小于19mm的颗粒含量不少于90%;

粗粒土:颗粒的最大粒径小于37.5mm,且其中小于31.5mm的颗粒含量不少于90%。

无机结合料稳定类材料种类较多,其物理、力学性质各有特点,使用时应根据结构要求、掺加剂量和原材料的供应情况及施工条件进行综合技术、经济比较后选定。

由于无机结合料稳定类材料的刚度介于柔性路面材料和刚性路面材料之间,常称之为半刚性材料。以此修筑的基层或底基层称为半刚性基层或半刚性底基层。

无机结合料稳定类材料的力学特性包括应力—应变特性、疲劳特性、收缩(温缩和干缩)特性。

1.无机结合料稳定类材料的应力—应变特性

无机结合料稳定类材料的重要特点之一是强度和模量随龄期的增长而不断增长,逐渐具有一定的刚性。一般规定:水泥稳定类混合料设计龄期为3个月,石灰或石灰粉煤灰(简称二灰)稳定类混合料设计龄期为6个月。

半刚性材料应力—应变特性试验方法有顶面法、粘贴法、夹具法和承载板法等。试件有圆柱体试件和梁式(分大、中、小梁)试件。试验内容有抗压强度和抗压回弹模量、劈裂强度和劈裂模量、抗弯拉强度和抗弯拉模量等。

由于材料的变异性和试验过程的不稳定性,同一种材料不同的试验方法或同一种试验方法不同的材料及同一种试验方法不同龄期试验结果存在着差异性。通过各种试验方法的综合比较发现,抗压试验和劈裂试验较符合实际。

2.无机结合料稳定类材料的疲劳特性

混合料的抗压强度是材料组合设计的主要依据,由于无机结合料稳定类材料的抗拉强度远小于其抗压强度,混合料的抗拉强度应是路面结构设计的控制指标。

抗拉强度试验方法有直接抗拉试验、间接抗拉试验和弯拉试验。常用的疲劳试验有弯拉

疲劳试验和劈裂疲劳试验。

无机结合料稳定类材料的疲劳寿命主要取决于重复应力 σ_f 与极限应力 σ_s 的比值，一般情况下，当 σ_f/σ_s 小于 50%，无机结合料稳定类材料可经受无限次重复加荷次数而无疲劳破裂，但是，由于材料的变异性，实际试验时其疲劳寿命要小得多。

疲劳性能通常用 σ_f/σ_s 与达到破坏时反复作用次数(N_f)所绘成的散点图来表示。试验证明，σ_f/σ_s 与 N_f 之间的关系可用双对数疲劳方程($\lg N_f = a + b\lg\sigma_f/\sigma_s$)及单对数疲劳方程($\lg N_f = a + b\sigma_f/\sigma_s$)来表示比较合理。

在一定的应力条件下，材料的疲劳寿命取决于材料的强度和刚度。强度愈大则刚度愈小，其疲劳寿命就愈长。

3.无机结合料稳定类材料的干缩特性

无机结合料稳定类材料经拌和压实后，由于水分挥发和混合料内部的水化作用，混合料的水分会不断减少。由此发生的毛细管作用、吸附作用、分子间力的作用、材料矿物晶体或凝胶体间层间水的作用和碳化收缩作用等会引起无机结合料稳定类材料体积收缩。

描述材料干缩特性的指标主要有干缩应变、干缩系数、干缩量、失水量、失水率和平均干缩系数。

干缩应变是水分损失引起的试件单位长度的收缩量；

干缩系数是某一失水量时，试件单位失水率的干缩应变；

平均干缩系数是某一失水量时，试件的干缩应变与试件的失水率之比；

失水量是试件失去水分的质量(g)；

失水率是试件单位质量的失水量(%)；

干缩量是水分损失时试件的收缩量(10^{-3}mm)。

无机结合料稳定类材料的干缩特性(最大干缩应变和平均干缩系数)与结合料的类型、剂量、被稳定材料的类别、粒料含量、小于 0.6mm 的细颗粒的含量、试件含水量和龄期等有关。

对于稳定粒料类，三种半刚性材料的干缩特性的大小次序为：石灰稳定类 > 水泥稳定类 > 石灰粉煤灰稳定类。

对于稳定细粒土，三种半刚性材料的干缩特性的大小排列为：石灰土 > 水泥土和水泥石灰土 > 石灰粉煤灰土。

4.无机结合料稳定类材料的温度收缩特性

无机结合料稳定类材料是由固相(组成其空间骨架的原材料的颗粒和其间的胶结物)、液相(存在于固相表面与空隙中的水和水溶液)和气相(存在于空隙中的气体)组成，所以，无机结合料稳定类材料的外观胀缩性是三相的不同的温度收缩性的综合效应的结果。一般气相大部分与大气贯通，在综合效应中影响较小，可以忽略。原材料中砂粒以上颗粒的温度收缩系数较小，粉粒以下的颗粒温度收缩性较大。

半刚性材料温度收缩的大小与结合料类型和剂量、被稳定材料的类别、粒料含量、龄期等有关。试验结果表明：

石灰土砂砾 > 悬浮式石灰粉煤灰粒料 > 密实式石灰粉煤灰粒料和水泥砂砾。

无机结合料稳定类材料一般在高温季节修建，成形初期基层内部含水量大，且尚未被沥青面层封闭，基层内部的水分必然要蒸发，从而发生由表及里的干燥收缩。同时，环境温度也存在昼夜温度差。因此，修建初期的半刚性基层同时受到干燥收缩和温度收缩的综合作用，必须注意养生保护。

经过一定龄期的养生，半刚性基层上铺筑沥青面层后，基层内相对湿度略有增大，使材料的含水量趋于平衡，这时半刚性基层的变形以温度收缩为主。

二、石灰稳定类材料结构层

在粉碎的或原来松散的土中或集料中，掺入适量的石灰和水，经拌和、摊铺、压实及养生后得到的混合料，当其抗压强度符合规定要求时，称为石灰稳定类材料。

用石灰稳定细粒土得到的混合料简称石灰土；用石灰稳定天然砂砾土得到的混合料简称石灰砂砾土；用石灰稳定天然碎石土得到的混合料简称石灰碎石土；用石灰稳定级配砂砾（砂砾中无土）和级配碎石（包括未筛分碎石）时，也分别简称石灰砂砾土和石灰碎石土。

1.石灰稳定类材料强度形成原理

在土中掺入适量的石灰，并在最佳含水量下拌匀压实，使石灰与土发生一系列的物理、化学作用，从而使土的性质发生根本的变化。石灰稳定类材料的强度主要靠以下四个方面的作用形成的。

1）离子交换作用

土的微小颗粒具有一定的胶体性质，它们一般都带有负电荷，表面吸附着一定数量的钠、氢、钾等低价阳离子（Na^+、H^+、K^+）。石灰是一种强电解质，在土中加入石灰和水后，石灰在溶液中电离出来的钙离子（Ca^{2+}）就与土中的钠、氢、钾离子产生离子交换作用，原来的钠（钾）土变成钙土，土颗粒表面所吸附的离子由一价变成了二价，减少了土颗粒表面吸附水膜的厚度，使土粒相互之间更为接近，分子引力随着增加，许多单个土粒聚成小团粒，组成一个稳定结构。

2）结晶作用

在石灰稳定类材料中只有一部分熟石灰 $Ca(OH)_2$ 进行离子交换作用，绝大部分饱和的 $Ca(OH)_2$ 自行结晶。熟石灰与水作用生成熟石灰结晶网格，其化学反应式为：

$$Ca(OH)_2 + nH_2O \longrightarrow Ca(OH)_2 \cdot nH_2O$$

3）碳酸化作用

稳定类材料中的 $Ca(OH)_2$ 与空气中的二氧化碳作用，其化学反应式为：

$$Ca(OH)_2 + CO_2 \longrightarrow CaCO_3 + H_2O$$

$CaCO_3$ 是坚硬的结晶体，它和其他生成的复杂盐类把土粒胶结起来，从而大大提高了土的强度和整体性。由于空气中的二氧化碳含量很少，这种作用是比较缓慢的。

4）火山灰作用

熟石灰的游离 Ca^{2+} 与土中的活性氧化硅 SiO_2 和氧化铝 Al_2O_3 作用生成含水的硅酸钙和铝酸钙的化学反应就是火山灰作用，其反应式为：

$$xCa(OH)_2 + SiO_2 + nH_2O \longrightarrow xCaO \cdot SiO_2(n+1)H_2O$$

$$xCa(OH)_2 + Al_2O_3 + nH_2O \longrightarrow xCaO \cdot Al_2O_3(n+1)H_2O$$

熟石灰结晶网格和含水的硅酸钙和铝酸钙结晶都是胶凝物质，具有水硬性并能在固体和水两相环境下发生硬化。这些胶凝物质在土微粒团外围形成一层稳定的保护膜，填充颗粒空隙，使颗粒间产生结合料，减少了颗粒间的空隙与透水性，同时提高密实度，使石灰稳定类材料获得更高的强度和水稳定性，但这种作用比较缓慢。

由于石灰与土发生了一系列的相互作用，从而使土的性质发生了根本的改变。在初期，主要表现为土的结团、塑性降低、最佳含水量增加和最大密度减少等，后期主要表现为结晶结构的形成，从而提高其板体性、强度和稳定性。

2.影响石灰稳定类材料强度的因素

1)土质

各种成因的土都可以用石灰来稳定，但生产实践表明，塑性指数高的土，其稳定的效果显著，强度也高。当采用塑性指数过高的土时施工不易粉碎，而且增加干缩裂缝；采用塑性指数偏小的土时容易拌和，但难以碾压成型，稳定的效果不显著。选用的土质，既要考虑其强度，还要考虑到施工时易于粉碎和碾压成型。一般选用塑性指数为15~20的黏质土最为合适。塑性指数偏大的黏质土，要加强粉碎，粉碎后，土中15~25mm的土块不宜超过5%。经验证明，塑性指数小于12的土不宜用石灰稳定。由于硫酸盐类含量超过0.8%或腐殖质含量超过10%的土，对强度有显著影响，故不宜直接采用。

2)灰质

石灰应是消石灰粉或生石灰粉，对于高速公路或一级公路宜用磨细生石灰粉。

石灰的等级愈高(即 $CaO + MgO$ 的含量愈高)时，稳定效果愈好；石灰的细度愈大，其比表面积愈大，在相同剂量下与土粒的作用愈充分，因而效果愈好。

石灰质量应符合Ⅲ级以上的技术指标，并要尽量缩短石灰的存放时间，最好在生产后不迟于3个月内投入使用。

3)石灰剂量

石灰剂量是指石灰质量占全部粗细土颗粒(即砾石、碎石、砂砾、粉粒和粘粒)干质量的百分率，即：

$$石灰剂量 = \frac{石灰质量}{干土质量} \times 100\%$$

石灰剂量对石灰稳定类材料强度影响显著，石灰剂量较低(小于3%~4%)时，石灰主要起稳定作用，土的塑性、膨胀、吸水量减小，使土的密实度、强度得到改善。随着剂量的增加，强度和稳定性均提高，但剂量超过一定范围时，强度反而降低。生产实践中常用的最佳剂量范围，对于黏质土及粉质土为8%~14%，对细粒土质砂则为9%~16%。剂量应根据结构层技术要求进行混合料组成设计来确定。

4)含水量

水是石灰稳定类材料的重要组成部分，也是促使石灰稳定类材料发生物理化学变化，形成强度，以及便于土的粉碎、拌和与压实的必要条件。不同土质的石灰稳定类材料有不同的最佳含水量，需通过标准击实试验确定，并用以控制施工中的实际加水量。所用水应是干净可供饮用的水。

5)压实度

石灰稳定类材料的强度随压实度的增加而增长。实践证明，石灰稳定类材料的压实度每增减1%，强度增减4%左右，而且密实的石灰稳定类材料，其抗冻性、水稳定性也好，缩裂现象也少。

6)龄期

石灰稳定类材料强度具有随龄期增长的特点。石灰稳定类材料初期强度低，随着时间的逐渐增长而趋于稳定。一般情况下石灰稳定类材料的强度在90d以前增长比较显著，以后就比较缓慢。石灰稳定类材料的这种特性对施工程序的衔接有相当的灵活性。但为了防止冰冻破坏作用，要求有一个冻前龄期。

7)养生条件

养生条件主要指温度与湿度。养生条件不同，其强度也有差异。当温度高时，物理化学反应、硬化速度快，强度增长快，反之强度增长慢，在负温条件下甚至不增长。因此，要求施工的最低温度应在5℃以上，并在第一次重冰冻(-3～-5℃)到来之前1个月至1个半月完成。

多年的施工经验证明，热季施工的石灰稳定类材料强度高，质量可以保证，一般在使用中很少损坏。

养生的湿度条件对石灰稳定类材料的强度也有很大影响。在一定潮湿条件下养生强度的形成比在一般空气中养生要好。

3.石灰稳定类材料的用途

石灰稳定类材料一般可以用于二级和二级以下公路路面的基层。但石灰稳定类材料的收缩裂缝多、水稳定性较差，不应作高速公路或一级公路的基层，必要时可以用作底基层。在冰冻地区的潮湿路段以及其他地区的过湿路段，也不宜采用石灰稳定类材料作基层。石灰稳定细粒土也不得用作二级公路高级路面的基层。

石灰稳定类材料结构层的施工最小厚度为15cm，结构层适宜的厚度为16～20cm。

三、水泥稳定类材料

在粉碎的或原来松散的土中或集料中，掺入足量的水泥和水，经拌和、摊铺、压实及养生后得到的混合料，当其抗压强度符合规定的要求时，称为水泥稳定类材料。

用水泥稳定细粒土得到的混合料简称水泥土(如细粒土为砂简称水泥砂)；用水泥稳定级配碎石和未筛分碎石得到的混合料简称水泥碎石；用水泥稳定砂砾得到的混合料简称水泥砂砾。

水泥稳定类材料有良好的力学性能和板体性，能适应不同的气候与水文条件，特别是在潮湿寒冷地区的适应性较其他稳定类材料更强。用水泥来稳定类材料可显著地改善土的物理力学性质，获得良好的整体性、足够的力学强度、水稳定性和抗冻性，所以水泥稳定类材料的使用范围很广，在工业发达、水泥产量大的国家，大量采用了水泥稳定类材料。

1.水泥稳定类材料强度形成原理

在水泥稳定类材料中，水泥、土和水之间发生了多种非常复杂的作用，从而使土的性能发生了明显的变化。水泥稳定类材料的强度主要靠以下三个方面的作用形成。

1)水泥石的骨架作用

在水泥稳定类材料中，首先发生的是水泥自身的水化反应，从而产生出具有胶结能力的水化产物，这是水泥稳定类材料强度的主要来源。水泥的水化过程反应简式为：

硅酸三钙：$2C_3S + 6H_2O \longrightarrow C_3S_2H_3 + 3CH$

硅酸二钙：$2C_2S + 4H_2O \longrightarrow C_3S_2H_3 + CH$

铝酸三钙：$C_3A + 6H_2O \longrightarrow C_3AH_6$

铁铝酸四钙：$C_4AF + 7H_2O \longrightarrow C_4AFH_7$

水泥水化生成的水化产物，在土的孔隙中相互交织搭接，将土颗粒包覆连接起来，使土逐渐丧失了原有的塑性等性质，并且随着水化产物的增加，混合料也逐渐坚固起来。由于土具有非常高的比表面积、亲水性，而且水泥稳定类材料中的水泥含量较少，以及土对水泥的水化产物具有很强的吸附性，在水泥稳定类材料中，水泥的水化硬化较混凝土中差得多，特别是黏土矿物对水化产物中的$Ca(OH)_2$具有极强的吸附和吸收作用，使溶液中的碱度降低，从而影响了水泥水化产物的稳定性。对于水泥品种，在其他条件相同时，应优先选用硅酸盐水泥，必要时还应对水泥稳定类材料进行“补钙”，以提高混合料中的碱度。

2)离子交换作用

水泥水化后所生成的氢氧化钙所占的比例比较高,可达水化产物的25%。大量的氢氧化钙溶于水以后,在土中形成了一个富含Ca^{2+}的碱性环境。Ca^{2+}取代K^{+}、Na^{+},使黏土颗粒之间的距离减小,相互靠拢,导致土的凝聚,从而改变土的塑性,使土具有一定的强度和稳定性。

3)碳酸化作用和火山灰作用

水泥水化生成的$Ca(OH)_2$,除了与黏土矿物发生化学反应外,还可以进一步与空气中的CO_2发生碳化反应生成碳酸钙晶体。$Ca(OH)_2$与土中的活性SiO_2和Al_2O_3作用生成含水的硅酸钙和铝酸钙。

2.影响水泥稳定类材料强度的因素

1)土质

各类砂砾土、砂土、粉质土和黏质土均可用水泥稳定,但稳定效果不同。试验和生产实践表明,用水泥稳定级配良好的碎(砾)石和砂砾效果最好,不但强度高,而且水泥用量少;其次是细粒土质砂;再次之是粉质土和黏质土。重黏土难以粉碎和拌和,不宜单独用水泥来稳定。因此,一般要求土的塑性指数不大于17,实际工程中应选用塑性指数小于12的土。有机质含量超过20%和硫酸盐含量超过0.25%的土不应选用。

2)水泥的品种和剂量

各种类型的水泥都可以用于稳定类材料。对于同一种土,通常情况下硅酸盐水泥的稳定效果好,而铝酸盐水泥较差。

水泥剂量是指水泥质量占全部粗细颗粒(即碎石、砾石、砂砾、粉粒、粘粒)的干质量的百分率。

水泥稳定类材料的强度随水泥剂量的增加而增长,但过多的水泥用量,虽能获得强度的增加,在经济上却不一定合理,效果上也不一定显著,且容易开裂。试验和研究表明,水泥剂量为4%~8%较为合理。合理的剂量应根据结构层技术要求进行混合料组成设计确定。

3)含水量

当含水量不足时,水泥不能在混合料中完全水化和水解,发挥不了水泥对土的稳定作用,影响强度形成。含水量达不到最佳含水量时还会影响水泥稳定类材料的压实度。

水泥正常水化所需的水量约为水泥重的20%,对于细粒土质砂,完全水化达到最高强度的含水量较最佳密度的含水量为小;对于黏质土则相反。

4)施工工艺过程

水泥、土和水拌和均匀,且在最佳含水量下充分压实,使其干密度最大,其强度和稳定性就高。水泥稳定类材料从开始加水拌和到完成压实的延迟时间要尽可能缩短,一般要在6h以内,若时间过长,则水泥凝结,在碾压时,不但达不到压实度要求,而且还会破坏已结硬水泥的胶凝作用,反而使水泥稳定类材料强度下降。在水泥终凝时间达不到规定要求时,可以使用一定剂量的缓凝剂,缓凝剂的品种和具体数量应根据试验确定。

水泥稳定类材料需湿法养生,以满足水泥水化形成强度的需要。养生温度愈高,强度增长的愈快,因此,应保证水泥稳定类材料养生的温度和湿度条件。施工最低气温及冻前龄期的要求与石灰稳定类材料相同。

3.水泥稳定类材料的用途

水泥稳定类材料的水稳性和抗冻性都较石灰稳定类材料好,暴露的水泥稳定类材料因干缩和冷缩也易产生裂缝。水泥土与水泥稳定砂砾、水泥稳定碎石相比有下述三个不利的特征:

①水泥土容易产生严重的收缩裂缝,并影响沥青面层;②水泥土的强度没有充分形成时,其表层遇水会发生软化;③水泥土的抗冲刷能力小,表面水由面层裂缝渗入后易产生唧泥现象。

水泥稳定类材料可用于各级公路路面结构的基层和底基层,但水泥土禁止用作高级沥青路面的基层,只能用作底基层。在高等级公路的水泥混凝土面板下,水泥土也不应作基层。

水泥稳定类材料结构层的施工最小厚度为15cm,结构层适宜的厚度为16~20cm。

四、石灰工业废渣稳定类材料

一定数量的石灰和粉煤灰(或石灰和煤渣)与其他集料相结合,加入适量的水(通常为最佳含水量),经拌和、摊铺、压实及养生后得到的混合料,当其抗压强度符合规定要求时,称为石灰工业废渣稳定类材料,简称石灰工业废渣。

用石灰、粉煤灰稳定细粒土(含砂)得到的混合料简称二灰土;用石灰、粉煤灰稳定砂砾得到的混合料简称二灰砂砾;用石灰、粉煤灰稳定碎石得到的混合料简称二灰碎石;用石灰、粉煤灰稳定矿渣得到的混合料简称二灰矿渣。

石灰与工业废渣拌和后,石灰中的氧化钙与工业废渣中的活性物质二氧化硅和三氧化二铝相互作用生成含水的硅、铝酸钙,这些新生的胶凝物质晶体具有较强的胶结能力和稳定性,因此其强度、刚度和水稳定性显著提高,抗冻性和温缩性也明显改善。石灰工业废渣稳定类材料具有下列特性:

1.水硬性

工业废渣的主要化学成分是SiO_2、Al_2O_3、CaO和其他活性物质,经过配合、加水、压实成型后都具有明显的水硬性——即在水中自行硬化的特性。因此,这类材料强度的增长速率与养护湿度有着密切的关系。这是由于组成混合料强度的水化硅酸钙、水化铝酸钙等水化产物在形成过程中都离不开水,水是形成强度的重要条件。混合料的这种"水硬性"要求在碾压时保持适度的水分和提供一定的养护条件。

2.缓凝性

缓凝性是相对于水泥混凝土而言的。水泥混凝土28d的抗压强度约为一年龄期的78%,而工业废渣混合料仅为17%~25%,而且在二、三年内继续增长。缓凝性给施工创造了有利条件,各施工工序间的衔接可以不需要像水泥混凝土那样严格。混合料湿度高时,搁置一、二天后再碾压,仍能获得良好的效果。但是缓凝性不利于早期开放交通。

3.抗裂性好

半刚性基层材料的共同缺点是在湿度或温度变化时易产生开裂。开裂是由于强度未形成前温度过低产生的温度收缩和含水量太小产生的干缩造成的。试验表明,二灰稳定类材料的收缩性小于水泥稳定类材料和石灰稳定类材料。

4.板体性和抗冻性好

工业废渣混合料压实成形后,经过一定的龄期,就具有较高的强度和良好的板体性,其抗冻性较石灰稳定类材料高得多,作为沥青路面的基层时,将大为改善路面出现的变形与开裂现象。

影响石灰工业废渣稳定类材料强度与稳定性的主要因素有石灰的质量与用量、粉煤灰的质量与用量、土质、含水量、工艺过程和养生条件等。

土的塑性指数大,二灰土的收缩性大,反之则收缩性小。对土的要求是:易于粉碎、便于碾压成型,塑性指数为12~20,有机质含量不应超过10%,硫酸盐含量不应超过0.8%。

在二灰或二灰土中加入粒料可提高其早期强度，减少其收缩裂缝。试验表明，密实式二灰砂砾、二灰碎石比悬浮式的强度高、收缩变形小。因此，石灰工业废渣基层所用碎、砾石应具有一定的级配。

粉煤灰中的活性物质在石灰的碱性激发及相互作用下生成含水的硅铝酸钙，石灰的质量和用量对混合料的强度均有较大的影响。石灰质量应符合 III 级以上的生石灰或消石灰的技术指标。实际使用时，要尽量缩短石灰的存放时间。石灰的用量应通过试验确定。

粉煤灰的主要成分是 SiO_2、Al_2O_3、Fe_2O_3、CaO。前两种成分的总含量应大于 70%。根据 CaO 含量的多少，粉煤灰可分成硅铝粉煤灰（CaO 含量一般在 2% ~ 6%）和高钙粉煤灰（CaO 含量为 10% ~ 40%）。粉煤灰的烧失量应小于 20%，烧失量过大，将明显降低混合料的强度，有的甚至难于成形。粉煤灰的粒径变化范围在 0.001 ~ 0.3mm 之间，但大部分在 0.01 ~ 0.1mm 之间，其比表面积宜大于 2 500cm^2/g。湿粉煤灰含水量不宜超过 35%。粉煤灰的用量应通过试验确定。

其他影响因素与石灰稳定类材料和水泥稳定类材料基本相同。

石灰工业废渣稳定类材料结构层适用于各级公路的基层和底基层，但二灰土不能作为高级路面的基层，只能作底基层。该结构层施工最小厚度为 15cm，适宜的厚度为 16 ~ 20cm。

第二节　碎石、砾石类结构层

一、碎石、砾石类结构层的特性

碎石、砾石类结构层是用粗、细碎（砾）石、黏土（或不含黏土）按照嵌挤原则或级配原则铺筑而成的结构层。嵌锁型的碎石结构层包括泥结碎石、泥灰结碎石、水结碎石、填隙碎石；级配型的碎（砾）石结构层包括级配碎石、级配砾石，符合级配要求的天然砂砾，部分砾石经轧制掺配而成的级配砾碎石等。

嵌挤原则是采用分层撒铺矿料（每层矿料的粒径基本相同）并经严格碾压而成的路面结构层（或采用尺寸大致均一的开级配矿料进行拌和）。用这种方法修筑的路面，其强度构成主要依靠矿料之间相互嵌挤锁结作用而产生的较大内摩阻力。黏结力虽然也是需要的，但仅起着辅助作用。因此，采用这种方法修筑的路面，必须使用强度比较高的石料（I ~ II 级），每层矿料颗粒的尺寸必须大小均匀，形状近似立方体并有棱角，表面粗糙。各种矿料的尺寸自下而上逐渐减小，上下层矿料的粒径比一般按 1/2 递减。粗料做主层料，细料作为各级嵌缝料。为了增加其联结强度，可在矿料中掺入不同的结合料以使其产生一定的黏结力。

级配原则是采用颗粒大小不同的矿料按一定比例配合，并掺入一定数量的结合料，拌制成混合料，经过摊铺、碾压而形成的路面结构层。这种混合料符合最佳级配原理，具有较大的密实度。按级配原则修筑的路面结构，其强度来源于内摩阻力和黏结力，但由于矿料没有较强的嵌挤锁结作用，以及受结合料的影响，一般来讲内摩阻力较小。

碎、砾石路面结构强度形成的特点是：矿料颗粒之间的联结强度，一般都要比矿料颗粒本身的强度小得多；在外力作用下，材料首先将在颗粒之间产生滑动和位移，使其失去承载能力而遭致破坏。因此，对于这种松散材料组成的路面结构强度，矿料颗粒本身强度固然重要，但是起决定作用的则是颗粒之间的联结强度。在强度特性上具有上述特点的材料，均属于松散介质的范畴。对于松散介质范畴的材料，其抗剪强度可用库仑公式表示。因此，由材料的黏结力和内摩阻角所表征的内摩擦力所决定的颗粒之间的联结强度，即构成了路面材料的结构强度。

碎、砾石类结构层既可作面层，也可作基层或底基层。由于碎、砾石结构层的平整度较差，易扬尘，雨天还易泥泞，用它作面层时适用于四级公路的中级路面。级配碎石适用于各级公路的基层和底基层。级配砾石、级配碎砾石以及符合级配、塑性指数等技术要求的天然砂砾，可用作二级和二级以下公路的基层，也可用作各级公路的底基层。填隙碎石适用于各级公路的底基层和三、四级公路的基层。

碎石颗粒通常按其尺寸大小划分为六类，如表3-1所示。

各种碎石尺寸与分类　　表3-1

编号	碎石名称	粒径范围(mm)	用途	编号	碎石名称	粒径范围(mm)	用途
1	粗粒碎石	63～37.5	骨料	4	石渣	19～13.2	嵌缝料
2	中粒碎石	37.5～31.5		5	石屑	13.2～4.75	
3	细粒碎石	31.5～19		6	石粉	4.75～0	封面料

二、泥结碎石

泥结碎石结构层是以碎石作为骨料，黏土作为填充料和结合料，经压实修筑成的一种结构。泥结碎石结构层的厚度一般为8～20cm；当总厚度等于或超过15cm时，一般分两层铺筑，上层厚度6～10cm，下层厚度9～14cm。泥结碎石结构层的力学强度和稳定性不仅取决于碎石的相互嵌挤作用，同时也有赖于土的黏结作用。泥结碎石结构虽用同一尺寸石料修筑，但在使用过程中由于行车荷载的反复作用，石料会被压碎而向密实级配转化。

泥结碎石结构层所用的石料，其强度等级不宜低于Ⅳ级，细长、扁平状颗粒不宜超过15%。不产石料地区的次要道路，交通量少时，可采用礓石和碎砖等材料。碎砖粒径宜稍大，一般为结构层厚度的0.8倍。泥结碎石层所用的黏土，应具有较高的黏性，塑性指数以18～26为宜。黏土内不得含腐殖质或其他杂物。黏土用量一般不超过混合料总重的15%～18%。

泥结碎石结构层适用于四级公路中级路面的面层，并宜在其上设置砂土磨耗层和松散保护层。泥结碎石亦可作二级以下公路次高级路面的基层，但由于是黏土作结合料，其水稳性较差，如作沥青路面的基层时，只能用于干燥路段，不能用于中湿和潮湿路段。

三、泥灰结碎石

泥灰结碎石结构层是以碎石为骨料，用一定数量的石灰和土作填充料和结合料修筑的碎石结构。泥灰结碎石结构所用的碎石和黏土质量规格要求与泥结碎石相同，石灰的质量不低于Ⅲ级。石灰与土的用量不应大于混合料总重的20%。其中石灰剂量为土重的8%～12%。泥灰结碎石结构因掺入石灰，其水稳性要比泥结碎石好，故可用于潮湿与中湿路段，作为二级以下公路次高级沥青路面的基层，亦可作为中级路面的面层。

四、水结碎石

水结碎石结构层是用大小不同的轧制碎石从大到小分层铺筑，经洒水碾压后形成的一种结构层。此种路面结构层属于典型的嵌锁型结构，它的强度是由碎石之间的嵌锁作用以及碾压时所产生的石粉与水形成的石粉浆的黏结作用而形成的。由于石灰岩或白云岩石粉的黏结力较强,所以经常用石灰岩或白云岩碎石来铺筑。水结碎石结构的厚度一般为 10~16cm。

水结碎石结构层材料的基本要求是:碎石应具有较高的强度(Ⅲ级以上)、韧性和抗磨耗能力。碎石应尺寸均匀,形状近似立方体且有棱角。此外,碎石应不含泥土杂物,最大粒径不得大于结构层压实厚度的 0.8 倍。

水结碎石的施工特点主要是分层撒铺、洒水碾压,碾压质量是关键。

水结碎石结构层可以作四级公路中级路面面层,由于它的黏结力是由石粉浆形成的,故水稳性较好,它也适用于各级公路的底基层和二级以下公路的基层。

五、填隙碎石

用单一尺寸的粗碎石做主骨料,形成嵌锁作用,用石屑填满碎石间的空隙,增加密实度和稳定性,这种结构称为填隙碎石。如用黏土作填充料和结合料形成的结构称为泥结碎石。泥结碎石亦可作为中级路面的面层。但是,由于其抗磨耗的能力较差,宜在其上设置砂土磨耗层和松散保护层。

我国过去盛行的嵌锁型碎石基层,是用筛分成几种不同规格的大、中、小单一尺寸碎石分层摊铺、分层碾压而成的。通常首先铺大碎石,大碎石经碾压稳定后,撒铺嵌缝碎石,继续碾压稳定,然后再撒铺小碎石,并碾压稳定。某些地区使用的干压碎石或"水结"碎石也属于这种类型。

国外常使用另一种嵌锁型碎石基层。它使用单一尺寸的粗碎石,例如 25~50mm、30~60mm 或 40~70(80)mm 的碎石做主骨料,经初步碾压稳定后,撒铺 0~5(或 10)mm 的石屑,并用振动压路机碾压,振动压路机的振动力使石屑填塞到主骨料的空隙中直到把空隙填满为止。这种形式的碎石结构,在国外称干结碎石。最后碾压时,采用湿法施工的,称水结碎石。这两种类型的嵌锁型碎石在现行路面基层施工规范中统一称为填隙碎石。

填隙碎石的强度主要依靠粗碎石间的嵌锁作用。用石屑或相当的天然砂砾和粗砂填塞粗碎石间的空隙,使其变成一种密实结构,进一步增加其强度和稳定性。

实践证明,采用两种分开的不同尺寸的集料,可使堆放和运输过程中的集料离析现象降到最小,填隙碎石的稳定性靠专门的压实得到保证。压实良好的填隙碎石的密实度通常约为固体体积率的 85%~90%,填隙碎石的密实度和强度与良好的级配碎石相同。作为中等交通道路甚至重交通道路沥青面层的基层,它与级配碎石一样可具有良好的效果。

填隙碎石层上不能直接通车,它上面必须有面层。填隙碎石基层质量好坏的两个关键是:从上到下粗碎石间的空隙一定要填满,也就是说,达到规定的密实度非常重要;表面粗碎石间的空隙既要填满,填隙料又不能覆盖粗碎石而自成一层,表面应看得见粗碎石,粗碎石的棱角可外露 3~5mm。后一点对薄沥青面层非常重要,它可保证薄沥青面层与基层粘接良好,避免薄沥青面层在基层顶面发生推移破坏。

如面层为沥青表面处治,在轧制面层用料时,产生两种筛余料,一种是粗的,如粒径 25~50mm 的粗碎石,另一种是细的,通常是粒径 5mm 或 3mm 以下的石屑。这两种筛余料正好用于铺筑填隙碎石基层。粗碎石用作主骨料,石屑用作填隙料。因此,面层为喷撒型沥青表面处治、基层为填隙碎石时,碎石机轧制的全部粗细集料都可得到充分的利用。

由于干法施工填隙碎石不需要用水,在缺水地区,采用这种基层结构,特别显示其优越性。

填隙碎石的主要缺点是,潮湿的填隙料实际上不可能靠振动压路机将空隙填满。如企图用过多遍数的振动碾压使潮湿填隙料下移，往往可能使主骨料浮到填隙料层上并严重丧失稳定性。

填隙碎石适用于各级公路的底基层和三、四级公路的基层，其施工最小厚度为10cm，结构层适宜的厚度为10~12cm。

六、级配碎（砾）石

由各种大小不同粒级集料组成的混合料，当其颗粒级配组成符合规定的密实级配要求时，称其为级配型集料。级配型集料中，没有水泥、石灰等水硬性结合料，也没有沥青，所以在国外常称其为无结合料粒料或无结合料材料。级配型集料中常含有一定数量的细土（指小于0.5mm颗粒，国外有不少国家常用0.425mm），细土中有时有一定数量的粉粒（小于0.05mm的颗粒，有不少国家用0.075mm）和粘粒（小于0.002mm的颗粒）。级配型集料包括级配碎石、级配碎砾石（碎石和砂砾的混合料，也常将砾石中的超尺寸颗粒砸碎后与砂砾一起组成碎砾石）和级配砾石（或称级配砂砾）。

粗、细碎石集料和石屑各占一定比例的混合料，当其颗粒组成符合规定的密实级配要求时，称为级配碎石。

粗、细砾石集料和砂各占一定比例的混合料，当其颗粒组成符合规定的密实级配要求时，称为级配砾石。

就力学性质和稳定性而言，级配碎石是级配集料中最好的材料，也是无结合料材料中最好的材料；级配砾石则是级配集料中最次的材料；级配碎砾石则处于两者之间。级配碎石可用作各级公路路面的基层和底基层；级配碎砾石、级配砾石可用作二级和二级以下公路路面的基层，也可用作各级公路路面的底基层。

决定级配集料层力学性质的主要参数是弹性模量（或回弹模量）、抗剪强度和抗永久形变能力。级配集料层的理想性质是，它应有高的劲度（相当于弹性模量），以提供良好的荷载分布性质；应该有高的抗剪强度，以减轻车辆作用下的辙槽；应该有高的透水性，使进入的自由水能快速排出；其中细土应该没有塑性，以保证良好的水稳性，并应该是无冰冻敏感性土。

级配集料层力学性质主要与集料的摩擦作用、嵌锁作用和黏结作用有关。摩擦作用本身则与所产生的应力以及颗粒接触面上能达到的摩擦力有关。应力与集料层的密实度和所处的位置有关，而集料层的密实度则与颗粒的级配和形状有关。颗粒接触面上能达到的摩擦力与颗粒的强度和颗粒的表面纹理有关。

影响级配集料结构层力学性质的其他重要因素有集料的含水量，加工和摊铺集料的均匀性和碾压密实度以及下承层的承载能力。

在实际工作中，对于级配集料，主要控制颗粒的级配组成，特别是其中的最大粒径、4.75mm以下、0.6mm以下和0.075mm以下的颗粒含量，以及塑性指数。同时，在施工中要严格控制级配集料的均匀性（它包括级配组成和含水量）和压实度（或密实度）。

级配型集料还可用作四级公路的面层，即用作中级路面。此时，级配型集料中的细土含量和塑性指数都较高。因此，适宜用作面层的级配集料不适宜用作沥青路面和水泥混凝土路面的基层和底基层。

细土含量和塑性指数都较高的级配型集料虽然可以用作中级路面，直接承受行车的作用，但考虑到过一定时间后，中级路面会被改善成沥青路面，为了避免在铺筑沥青面层时，将原中级路面挖翻处治（在我国以往常用石灰），对于中级路面也宜采用《公路路面基层施工技术规范》(JTJ 034—2000)中规定的级配集料做承重层，另外采用细土含量和塑性指数都较高的细级配集料做磨耗层，例如，砂土磨耗层、细砂砾磨耗层或细碎石磨耗层等。

级配碎(砾)石结构层的厚度一般为 8 ~ 16cm，当厚度大于 16cm 时应分两层铺筑，下层厚度为总厚度的 0.6 倍，上层厚度为总厚度的 0.4 倍。

第三节　沥青类结构层

一、沥青路面的基本特性

沥青路面是指在柔性基层、半刚性基层上铺筑一定厚度的沥青混合料面层的路面结构。

沥青路面由于使用了黏结力较强的沥青材料作结合料，因而增加了集料之间的黏结力，提高了混合料的强度和稳定性，使路面的使用质量和使用寿命都得到提高。它是目前国内外广泛采用的路面面层结构。

与水泥混凝土路面相比，沥青路面具有表面平整、无接缝、行车舒适、振动小、噪声低、施工期短、养护维修简便、适宜分期修建等优点。由于它可以使用不同的材料组成和施工方法，因而适用于不同等级的公路路面。它的缺点是表面易受硬物损坏，并容易磨光而降低抗滑性；在外界气温影响下，强度和刚度变化很大，即夏季易变软而冬季易变脆；它的施工受季节影响较大，除乳化沥青外，在低温季节和雨季都不能施工。

沥青路面的强度和稳定性在很大程度上取决于土基和基层的强度，因此对土基和基层的要求较高。在低温时，沥青类路面易受土基不均匀冻胀而开裂，因而在寒冷地区，需设置防冻层。沥青路面的基层最好使用无机结合稳定的整体性基层。对交通量较大的路段，为了使沥青路面具有一定的抗弯拉和抗疲劳开裂的能力，宜在沥青面层下设置沥青混合料基层。

二、沥青路面的力学特性

沥青类路面的力学特性可以通过几种不同的力学强度参数来表征。这些参数包括抗压强度、抗剪强度和抗拉(包括抗弯拉)强度。沥青混合料具有较高的抗压强度，而抗剪和抗拉强度较低，因此路面的损坏往往是从拉裂或滑移开始而逐渐扩展。

1.抗剪强度

沥青混合料的抗剪强度主要取决于沥青与集料相互作用而产生的黏结力，以及集料在沥青混合料中的嵌挤锁结作用所产生的内摩阻力。

沥青混合料的黏结力取决于许多因素，其中最主要的是沥青的粘滞度、沥青含量与矿粉含量的比值以及沥青与集料相互作用的特性。沥青的粘滞度越高，黏结力就越大，则沥青混合料具有较高的抗剪强度。随着沥青含量增加，集料之间的自由沥青也增加，沥青混合料的黏结力随之下降。在沥青与集料的相界面上，由于分子的吸附作用，愈靠近集料表面，沥青的黏结力越高。因此，集料的比表面积和集料周围沥青膜的厚度对沥青混合料的黏结力有很大影响。集料颗粒越小，比表面积越大，包裹集料颗粒的沥青膜越薄，黏结力就越大。沥青的表面活性越强，集料对沥青的亲和性越好，吸附作用就越强烈，黏结力也越大。碱性的集料与石油沥青黏结时，会发生化学吸附过程，在集料与沥青接触面上形成新的化合物，因而黏结力较高。酸性的集料与石油沥青黏结时，形成化学吸附的能力较差，黏结力就较低。

集料的级配、颗粒的形状和表面特性，都对沥青混合料的内摩阻力产生影响。随着颗粒尺寸的增大，内摩阻力也增大。颗粒表面粗糙、棱角尖锐的集料，由于颗粒相互嵌紧，其内摩阻力要比圆滑颗粒的集料大得多。此外，沥青混合料中沥青的存在一般会降低矿质混合料的内摩阻力。沥青含量过多时，不仅内摩阻力显著降低，而且黏结力也下降。沥青混合料的抗剪强度可以通过三轴剪切试验取得。

2.抗拉强度

在气候较寒冷地区，冬季气温下降，特别是急骤降温时，沥青混合料发生收缩，如果收缩受阻，就会产生拉应力，该应力超过沥青混合料的抗拉强度时，路面就会产生开裂。

沥青混合料的抗拉强度，可用直接拉伸试验和间接拉伸—劈裂试验来测定。

沥青混合料在低温下的抗拉强度同沥青的性质、沥青含量、矿质混合料的级配、测试时的温度等因素有关。试验表明，沥青的粘滞度大，或沥青含量较大，沥青混合料就会具有较高的抗拉强度。密级配沥青混合料的抗拉强度较开级配混合料高，在低温下沥青混合料的抗拉强度随温度降低而提高。

3.抗弯拉强度

沥青类路面在行车重复荷载作用下，往往因路面弯曲而产生开裂破坏。因此，必须考虑沥青混合料的抗弯拉强度。

沥青混合料的抗弯拉强度可通过试验室内制作标准梁式试件，然后按简支梁受力情况进行测定。也可用劈裂试验的劈裂强度代替其抗弯拉强度。

沥青混合料的抗弯拉强度，取决于所用材料的性质（如沥青的性质、沥青的用量、集料的性质、混合料的级配与拌和质量等）及结构破坏过程的加载状况（如重复次数、应力增长速度等）。此外，温度状况对抗弯拉强度也有很大影响。

4.应力—应变特性

沥青混合料是一种弹性—粘塑性材料，在应力—应变关系在不同的条件下呈现出不同的性质，有时呈现为弹性性质，有时则主要呈现为粘塑性性质，而大多数情况下，几乎同时综合呈现上述性质。如冬季低温时，沥青混合料就呈现为弹性体，并且具有弹性体的变形特性，夏季高温时则呈现为粘塑性体。研究表明，沥青混合料的应力—应变特性，不仅同荷载大小和作用时间有关，而且与材料的温度有关，故有时常用劲度模量（简称劲度）作为表征沥青混合料力学特性的指标。所谓劲度模量就是材料在给定的荷载、作用时间和温度条件下应力与总应变的比值。即：

$$S_{t,T} = \left[\frac{\sigma}{\varepsilon}\right]_{t,T} \tag{3-1}$$

式中：$S_{t,T}$——劲度模量，MPa；

σ——施加的应力，MPa；

ε——总应变；

t——荷载作用时间，s；

T——材料的温度，℃。

5.疲劳特性

沥青类路面的疲劳特性表现为沥青混合料的变形和破坏，不仅与荷载应力的大小有关，而且同荷载作用的次数有很大关系。路面材料在低于极限抗拉强度下经受重复拉应力或拉应变而最终导致破坏，称为疲劳破坏。导致路面最终破坏的重复荷载作用次数称为疲劳寿命。

影响沥青混合料疲劳特性的因素很多，如材料的性质（包括矿料种类、集料级配、沥青种类和用量），环境因素（包括温度、湿度、混合料的压实程度和空隙率），加荷方式等。沥青混合料疲劳特性的室内研究，是通过在简支小梁、劈裂试件、梯形悬臂式或旋转弯曲试件上施加正弦或脉冲式变化的反复应力进行的。

三、沥青路面的温度稳定性

大气温度是影响路面强度的重要因素。同一路面，在炎热的夏天和严寒的冬天可能有不同的使用品质。就是在一天之内，路面的工作状态也会有差异，特别是沥青路面更是如此。沥青混合料的强度会随温度降低而提高，随温度升高而降低。因此，对沥青路面的温度稳定性应给予特别重视。

1.沥青路面的高温稳定性

沥青混合料具有强度和抗变形能力随温度的升高而显著降低的特点。温度升高时，沥青的粘滞度降低，集料之间的黏结力消弱，从而导致强度成倍的降低。由于高温稳定性不足，路面会出现以推移、车辙和拥包等为特征的路面剪切变形和塑性累积变形，特别是在交叉口、停车站及行车变速的路段上变形更为严重。因此，如何提高沥青路面的高温稳定性，是沥青路面在设计和使用中必须考虑的问题。

对沥青混合料高温稳定性的测定大都借助于试验的方法，较为广泛应用的有马歇尔稳定度、车辙试验和无侧限抗压强度等试验方法。

影响沥青混合料高温稳定性的因素主要有：沥青和集料的性质及其相互作用的特性，集料的级配组成等。

为了提高沥青混合料的高温稳定性，就应设法提高其内摩阻力和黏结力。常用的方法是在混合料中增加粗集料，使粗集料形成空间骨架结构，以提高混合料的内摩阻力。适当地提高沥青材料的黏度，严格控制沥青用量，采用具有活性的矿粉，来改善沥青与集料的相互作用，以提高混合料的黏结力。此外，在沥青混合料中掺入聚合物（如橡胶、聚乙烯等）改性的沥青，也能取得较好的效果。

2.沥青路面的低温稳定性

沥青路面在低温时强度虽然增大，但其变形能力却因刚度增大而降低。气温下降，特别是在急剧降温时，沥青混合料受基层约束而不能自由收缩，会产生很大的温度拉应力。若累积温度拉应力超过沥青混合料的极限抗拉强度，路面便产生开裂。沥青路面的低温缩裂大致可分为两类：一类是温度下降而造成的路面开裂，它与沥青混合料的体积收缩有关，这种裂缝是由表面开始产生裂隙而逐渐发展成为裂缝；另一类是属于路基或基层收缩与冰冻共同作用而产生的裂缝，这类裂缝是从基层开始逐渐反映为沥青面层的开裂。由于路面收缩的主轴是纵向的，因此低温产生的裂缝大多是横向的，且几乎是6~10m的等距离间隔。裂缝的出现往往就是沥青路面损坏的开始。随着低温循环的影响，裂缝将会进一步扩展，导致路面工作状况恶化。

影响低温开裂的因素很多，其中主要的因素有路面所用沥青的性质、当地的气温状况、沥青的老化程度、基层的种类和路面的层次及厚度等。此外，路面面层与基层的粘着状态、基层所用材料的特性、行车的状况对路面开裂也有一定的影响。

使用稠度较低、温度敏感性较低的沥青，可以延缓和减少路面的开裂。路面所在地区的气温愈低，开裂愈严重。沥青材料的老化对低温更为敏感，使路面开裂的可能性增加。增加沥青面层厚度可以减少或者延缓路面的开裂。此外，采用某些改性沥青（如橡胶沥青等）也可延缓路面开裂。

四、沥青路面的耐久性、抗渗透性和工作度

耐久性是指路面抵抗各种破坏因素的能力，例如沥青老化、集料散失和沥青从矿料上剥落等。这些现象可能是气候、交通或两者结合而造成的。沥青混合料的耐久性一般可以通过两种方法提高：一是增加沥青用量。由于厚的沥青膜较薄的沥青膜老化和硬化速度大大降低，所以，采用较大的沥青用量，可以使沥青较长时间地保持其原有特性，最大沥青用量还可以有效地密封面层中过多的相通空隙，以阻止空气和水渗入。二是采用密级配抗剥落集料，密级配能使集料颗粒之间接触很紧密，防止渗透；抗剥落的集料则可以抵抗水和行车作用从集料颗粒上剥落沥青膜。目前，常使用抗剥落剂或矿物填料（如石灰等）来加强混合料的抗剥落性能。沥青混凝土的耐久性可采用浸水马歇尔试验和沥青与矿料的粘附性试验评价。

渗透性是沥青路面抵抗空气或水穿过或进入其中的能力。这一特征与压实后的混合料孔隙率有关。抗渗透性取决于空隙尺寸、空隙之间是否连通以及空隙与道路表面的连通方式。虽然抗渗透性对于路面的耐久性十分重要，但是实际上路面使用的沥青混合料都会具有一定的空隙，只要不超过允许范围就行。

工作度（也称施工和易性）是指沥青混合料在摊铺和碾压时工作的难易程度。工作度好的混合料容易进行摊铺和碾压。混合料工作度的改善可以通过变动混合料设计参数以及集料的来源和级配来完成。如粗颗粒多的混合料在运输过程中容易离析，且不易碾压，所以应加入一些细集料。但填料过多也会影响工作度，它会使混合料成胶状而不易碾压，并且混合料的均匀性将受到影响。沥青标号及施工温度也是影响工作度的因素。

五、沥青路面的抗滑性能

路面的表面应有足够的抗滑能力，以保证行车安全。若抗滑能力不足，汽车起动时，会发生空转打滑现象；汽车在弯道上行驶，就会产生横向滑移。当紧急制动刹车时，所需的制动距离就会增长，容易发生交通事故。经调查，交通事故约 80% 以上与路面滑溜有关，即与路面摩擦系数较低有关。沥青路面所用沥青材料含蜡量高，热稳定性差，易使路表面形成光面，抗滑能力大大降低。因此，对于沥青路面来说，抗滑性能是一项非常重要的质量评定指标。

1.影响沥青路面抗滑性能的因素

路面具有一定的粗糙度是保证汽车在道路上安全行驶的必要条件。评定路面粗糙度的指标很多，通常主要采用的是摩擦系数。路面的粗糙度越好，摩擦系数越大。

影响轮胎与路面之间的摩擦系数的因素主要有以下几个方面：

1）轮胎的磨耗量、表面形状及构造

在相同结构的路面上，由于轮胎特性不同其摩擦系数也不相同。轮胎的磨耗量在一定程度上影响摩擦系数的大小。当轮胎磨耗率在 80% 以上时，摩擦系数减少 10% ~ 30%；在潮湿路面上行驶时，轮胎的表面花纹影响到摩擦系数的值，这是由于轮胎表面形状不同引起路面上的排水效果不同所致；轮胎的橡胶性质对摩擦系数也有影响。此外，轮胎的接触压力，轮重等变化时，也会引起摩擦系数的变化。

2）路面类型、干湿状态、温度、车速

不同的路面类型，其摩擦系数值也有一定的差异。在干燥状态下路面的摩擦系数差异不大，一般能保证汽车安全行驶。当路表处于潮湿状态，特别是路表与轮胎之间形成水膜时，摩擦系数要小得多。随着车速的提高，摩擦系数将降低。温度对摩擦系数也有影响，一般随着路

面温度的升高，摩擦系数相应减小。

3)面层结合料、集料

结合料的品种对摩擦系数有很大影响，根据试验和工程实践得知，就沥青路面的抗滑性而言，以煤沥青最好，混合沥青次之，黏稠石油沥青稍差，多蜡液体沥青(渣油)最差。而且不论何种结合料，其用量增加，摩擦系数均降低。集料的种类、性质、形状也明显影响着摩擦系数。碱性石料对沥青的吸附性好，但不耐磨耗，路面建成初期摩擦系数高，但经过行车作用后因磨损而变光滑。未风化的酸性岩石，大多强度高、耐磨耗，但与石油沥青的粘附性较差，所以要经过碱性处理为好。有棱角、表面粗糙、形状接近立方体的集料，其摩擦系数要比圆滑的集料大得多。此外，在集料的级配组成上，开级配的路面表面抗滑性能较好。

4)路面上结冰、积雪及其他状态

路面上的结冰与积雪，均会使摩擦系数降低。因为轮胎与路面正常的接触条件被隔断，而变成了轮胎与冰、雪的接触。由于冰和雪的摩擦系数很低，通常在0.1~0.3之间，因此在结冰和积雪的路面上行车是非常危险的。路面上的脏物，如矿质粉末、污泥及松散砂粒、汽车滴下的油类、轮胎磨耗的胶粉也会对摩擦系数产生影响。

2.沥青路面抗滑标准

大量的试验与实践表明，由于雨水的润滑作用，引起路面的摩擦系数降低，使路面滑溜。路面的滑溜给行车带来的危险性，主要表现在三个方面：汽车的制动距离增长；侧滑危险增大；方向控制失灵。因此，为了减少公路交通事故，特别是雨天的交通事故，需要提高路面的抗滑能力。哪些条件是影响路面抗滑能力的主要因素，用什么方法检测，指标数值确定多大合适，这是制定路面抗滑标准所要解决的问题。

影响路面抗滑性能的因素很多，就路面结构而言主要有：①石料的抗滑性能(即石料磨光值PSV)，它既影响低速行车下路面的抗滑能力，也影响高速行车下路面的抗滑能力。在正常施工条件下，就影响幅度而言，石料的抗滑性能是影响路面抗滑性能的最主要因素(影响幅度为30%~50%)，因此应当选用抗滑性能好的集料(即强度高、耐磨耗、表面粗糙、有棱角、接近立方体等)作面层骨料，并采用优质沥青或掺配添加剂(包括掺水泥或掺石灰处理酸性石料等)。②路面的宏观构造是影响高速行车下路面抗滑能力的一个重要因素(影响幅度为20%~30%)。路面的宏观构造是指路面集料间形成的宏观粗糙度(相对于集料本身的粗糙度，亦称微观构造)。宏观构造大，高速行车下的路表水能迅速排除，保证轮胎与石料的直接接触，路面的抗滑性能就好。反之，路面宏观构造小，表面易形成水膜，路面的抗滑性能就差。那么，选用什么样的抗滑条件作为控制指标呢？根据国外的经验，有的国家采用单一的指标，有的则采用多项指标，但总的趋势是抗滑标准从单项指标向多指标发展，这是因为多指标的抗滑标准更能保证高速行车的安全。

根据我国的实际情况，并结合国外的抗滑标准，确定对沥青类路面采用摩擦系数、石料磨光值和路表宏观构造(即构造深度)三项指标作为抗滑标准。并规定摩擦系数采用摆式仪测定，石料磨光值采用石料磨光机测定，构造深度采用砂补仪测定。其相应的标准见表3-2。

沥青路面抗滑标准 表3-2

公路等级	竣工验收值		
	摆值 *FB*(BPN)	构造深度 *TC*(mm)	横向力系数 *SFC*
高速公路、一级公路	≥45	≥0.55	≥54

在设计高速公路、一级公路的沥青表面层时，应选用抗滑、耐磨石料，其石料磨光值应大于42。

3.沥青路面的防滑措施

针对影响沥青路面抗滑性能的因素，可采取下面一些措施来提高沥青路面的抗滑性能。

(1)选择适宜的沥青标号与沥青用量，尽可能使用优质沥青；在满足耐久性的前提下尽量减少沥青用量。

(2)选择坚硬耐磨、有棱角、表面粗糙的集料，并注意集料的级配组成，一般开级配集料组成比密级配集料组成抗滑能力好。

(3)修筑抗滑表层。抗滑表层是指为汽车交通提供较好的抗滑能力，用抗滑表层混合料铺筑的符合规定的宏观粗糙度及摩擦系数要求的沥青面层的上面层，也称抗滑磨耗层。

六、沥青路面的分类

沥青面层可按以下几种方法分类：

1.按强度构成原理分类

按强度构成原理可分为密实式和嵌挤式两大类。

密实式沥青路面要求集料的级配按最大密实原则设计，其强度和稳定性主要取决于混合料的黏聚力和内摩阻力。这类路面的空隙率较小(不大于10%)，混合料致密耐久，但热稳性差。嵌挤式路面要求采用颗粒尺寸较为均一的集料，路面的强度和稳定性主要依靠骨料之间相互嵌挤产生的内摩阻力，而黏结力则起次要作用。按嵌挤原则修筑的路面，其热稳性较好，但因空隙较大，易渗水，因而耐久性较差。

2.按施工工艺分类

沥青路面按施工工艺可分为层铺法、路拌法和厂拌法三大类。

(1)层铺法是用分层洒布沥青、分层撒铺集料和碾压的方法修筑。其主要优点是工艺和设备简便，工效较高，施工进度快，造价低廉。其缺点是路面成型期较长，质量不易保证，需要经过炎热季节行车碾压之后路面方能完全成型。用这种方法修筑的路面有层铺法沥青表面处治和沥青贯入式两种。层铺法目前仅在简易公路、乡村道路上采用。

(2)路拌法是在路上用机械或人工将集料和沥青材料就地拌和、摊铺和碾压密实而成的沥青路面。该方法与层铺法相比，沥青材料在集料中分布比较均匀，成型快。但由于所用集料为冷料，需使用稠度较低的沥青材料，故混合料的强度较低。目前随着施工技术和施工机械的发展，该法正逐步被淘汰。

(3)厂拌法是由一定级配的集料和沥青材料在工厂用专用设备加热拌和，然后送到工地摊铺、碾压而成的沥青路面。集料中不含或含少量矿粉，混合料级配比例不严格者为厂拌沥青碎石；若集料中含有矿粉，混合料级配比例严格者为沥青混凝土。厂拌法按混合料铺筑温度的不同，又可分为热拌热铺和热拌冷铺两种。热拌热铺是混合料经专用设备加热后立即趁热运到路上摊铺压实。如果混合料加热拌和后贮存一段时间，再在常温下运到路上摊铺压实，即为热拌冷铺。厂拌法可使用较黏稠的沥青材料，且矿料经过精选，因而混合料质量高，使用寿命长，但修建费用也较高。

3.按结构层组成分类

按结构层组成可分为沥青表面处治路面、沥青贯入式路面、热拌沥青混合料路面、冷拌沥青混合料路面等。

下面着重介绍这些路面的特点及用途。

1)沥青表面处治路面

沥青表面处治结构层(简称沥青表面处治)是指用沥青和集料按拌和法或层铺法施工,厚度不超过3cm的一种薄层面层。它适用于三级、四级公路的面层、各级施工便道。沥青表面处治结构又可分为单层(厚度为1.0~1.5cm)、双层(厚度为1.5~2.5cm)、三层(厚度为2.5~4cm)。

沥青表面处治厚度较薄,对路面结构的整体强度提高不多,故在结构分析时其厚度扣除1cm后并入基层计算。它的主要作用是抵抗车轮磨耗,增强抗滑和防水能力,提高平整度,改善路面的行车条件。沥青表面处治大多用于下列场合:

①为碎石路面或基层提供一个能承受行车和大气作用的磨耗层或面层,并提高路面的等级(它属于次高级路面)。

②改善或者恢复原有面层的使用品质。对原路面磨损较严重者,可采用单层表面处治;磨耗或老化严重者,可采用双层表面处治。路面表面过于光滑时,则应选用带有棱角的硬质石料铺筑处治层,以提高路面的抗滑能力。

③作为空隙较多的沥青面层的防水层(封层)。上封层位于沥青面层之上;下封层位于非沥青类基层之上。

沥青表面处治结构层一般按嵌锁原则修筑而成。为了保证石料间有良好的锁结作用,同一层石料的颗粒尺寸要均匀。为了防止石料松散,所用的沥青必须有足够的稠度。层铺法表面处治在施工完毕后,需经过行车,特别是夏季行车的作用,使其石料取得最稳定的嵌紧位置,并同沥青黏结牢固,这一过程称为成形阶段,由于成型期较长,加之质量不易保证,层铺法表面处治正逐步被拌和法表面处治所代替。

2)沥青贯入式路面

沥青贯入式结构层是在初步压实的碎石(或破碎砾石)上,分层浇洒沥青、撒布嵌缝料,或再在上部铺筑热拌沥青混合料封层,经压实而成的沥青面层。其厚度一般为4~8cm。

沥青贯入式适用于三级、四级公路的面层。沥青贯入式结构层也可作为沥青混凝土路面的基层。

沥青贯入式结构层是一种多孔结构,它的强度主要依靠碎石之间的锁结作用,沥青只起黏结碎石的作用,故温度稳定性好,抗滑性也好。为了防止路表水的浸入,沥青贯入式面层应铺筑封层(封层可分为上封层和下封层,厚度约1cm,封层材料可选用单层式沥青表面处治或沥青砂)。当作为沥青混凝土路面的基层时,可不必作封层。沥青贯入式施工较简便,不需要复杂的机具,但对碎石材料的要求较高,并且施工质量同操作者的技术水平和经验有很大关系。

下部采用层铺法施工,上部铺筑热拌沥青混合料封层形成的结构层也叫做沥青上拌下贯式面层。其厚度宜为7~10cm,其中拌和层的厚度宜为2.5~4cm。它属于贯入式路面,但它综合了贯入式和热拌沥青混合料的施工特点,具有成型快,质量易控制,平整度较好等优点,适用于交通量较大,拌和设备能力不足和有特殊需要的路面工程。沥青上拌下贯式和沥青贯入式均属于次高级路面的面层。

3)热拌沥青混合料路面

热拌沥青混合料包括密级配的沥青混凝土、沥青稳定碎石、沥青玛蹄脂碎石,开级配的排水式沥青磨耗层、排水式沥青碎石基层,半开级配的沥青碎石。下面主要介绍沥青混凝土和沥青碎石。

沥青混凝土混合料是由适当比例的粗集料、细集料及填料组成的符合规定级配的矿料,与沥青结合料拌和制成的密实式沥青混合料(以AC表示),简称为沥青混凝土。由各种粒径的集料颗粒级配连续、相互嵌挤密实的矿料与沥青拌制而成,压实后的空隙率为3%～6%。

沥青碎石混合料是由适当比例的粗集料、细集料及少量填料(或不加填料)与沥青结合料拌和而成,经马歇尔标准击实成型试件的剩余空隙率在6%～12%的半开级配沥青混合料(以AM表示)。

沥青混合料按集料中公称最大粒径大小可分为特粗式、粗粒式、中粒式、细粒式和砂粒式等类型,其最大公称粒径(方孔筛)分别为:31.5mm、26.5mm、16mm或19mm、9.5mm或13.2和小于9.5mm。砂粒式沥青混凝土简称沥青砂。

沥青混凝土混合料是按密级配原理严格配制的。它含有较多的细料,特别是一定数量的矿粉,使矿料同沥青相互作用的表面积大大增加,因而混合料的黏聚力在强度构成上占有主导地位。但黏聚力受温度影响大,如配料不当,特别是沥青用量过多,热稳性就较差,抗滑性也不好。沥青混凝土由于本身的结构强度高,若基层坚实,路面结构合理,可以承受繁重交通;又因空隙率小,受水和空气等的侵蚀作用小,故耐久性好,使用寿命长。

沥青碎石由于细料含量少,只有少量矿粉或不掺矿粉,沥青用量较小,空隙较大,属于嵌锁结构。故热稳性较好,抗滑性高,在低温时也不易开裂,但透水性大,强度和耐久性都不如沥青混凝土。采用沥青碎石面层时,为了防水和保持平整度,在其上必须铺沥青砂封层。

沥青混凝土适用于作各级公路的面层。对高速公路和一级公路的表面层、中面层及下面层,应采用沥青混凝土;二级公路的表面层应用沥青混凝土。热拌沥青碎石适用于作三级、四级公路的面层以及沥青混凝土路面的基层和调平层。

沥青混凝土面层宜采用双层或三层式结构,粗粒式或中粒式沥青混凝土宜用在下层,细粒式及砂粒式宜用在上层。

沥青混凝土和沥青碎石均在厂内拌制混合料,并采用热拌热铺法施工。

4)冷拌沥青混合料路面

冷拌沥青混合料是由乳化沥青(改性乳化沥青)或液体沥青与矿料在常温状态下拌和而成,压实后剩余空隙在10%以上的常温沥青混合料。它适用于作三级、四级公路路面的沥青面层、二级公路的养护罩及各级公路的调平层。

5)稀浆封层与微表处

乳化沥青是将热熔状态的沥青和含有乳化剂的水溶液共同在外加的机械力作用下,使沥青以微滴状态均匀稳定的分布在水溶液之中的乳状液(亦称沥青乳液)。它的主要优点是在常温下可与冷的石料、表面潮湿的石料进行拌和施工。除此之外,还具有节省燃料和能源,减少环境污染,减轻施工人员的劳动强度等优点。乳化沥青是一种配方复杂的乳液,从路面施工和使用的要求来考虑,既希望乳液在贮存运输过程中保持稳定,又希望在路上使用之后乳液中的沥青能尽快从水中分离出来,以发挥沥青的黏结性能。通常把乳化沥青中的沥青微滴从水相界面分离出来,互相结成团以至在石料表面粘连成沥青薄膜的过程,称为破乳。其分离出来的快慢程度,称为破乳速度。这是一个很重要的因素,它直接关系到路面施工方式和机具的适应性。

随着乳化沥青的推广应用,出现了乳化沥青稀浆封层。这种封闭表面空隙少,可防止水分侵入的沥青混合料薄层,它在沥青路面施工和养护中发挥着重要的作用。

乳化沥青稀浆封层是用具有一定级配的石屑或砂、填料(水泥、石灰、粉煤灰、石粉等)与乳化沥青、外掺剂和水,按一定比例拌制成流动型混合料,再均匀洒布于路面上的封层。稀浆封层可以作为上封层,也可以作为下封层。对于空隙较大、透水严重、有裂缝的旧路面或旧沥青路面需要铺抗滑层,新建沥青路面需铺筑磨耗层或保护层时,稀浆封层可用作上封层。对于多雨地区沥青面层的孔隙较大,在铺筑基层后不能及时铺筑沥青面层且需要开放交通时,可作为下封层。稀浆封层的厚度宜为 3~6mm。乳化沥青稀浆封层的主要作用有如下几个方面。

(1)具有填充性　稀浆中含有占集料质量 10%~20%的水和 10%~11%的乳液,且稀浆封层中的混合料较细,具有较好的流动性,很容易进入微裂缝和小坑槽中,将路面填充密实成为整体。因此具有封闭裂缝和提高路面平整度的作用。

(2)具有很好的防水性　稀浆封层混合料中集料级配合理,能均匀、牢固、密实地粘附在路面上,具有较好的水稳性,并防止水分渗透,保持基层稳定。

(3)有一定的耐磨性　用于稀浆封层的集料其强度、压碎值、磨光值、含泥量等性能指标均达到标准要求,不论是酸性和碱性石料都能很好的粘附在路面上,在路面上形成磨耗层。

(4)具有良好的抗滑性能　由于选择了坚硬而有棱角的集料,沥青又能均匀地裹覆骨料。封层后纹理深度适当,摩擦系数显著增加。

(5)稀浆封层可恢复路面性能,延长路面使用寿命,在路面养护中具有施工简单、造价低廉、功能恢复强的特点。

但需要注意的是:稀浆封层不能控制路面反射裂缝,不能提高路面强度,也不能解决温度稳定性问题,在泛油的路面上不能进行稀浆封层。新建的高速公路、一级公路的沥青路面上不宜采用稀浆封层铺筑上封层。

微表处是用具有一定级配的石屑或砂、填料(水泥、石灰、粉煤灰、石粉等)与聚合物改性乳化沥青、外掺剂和水按一定比例拌制成流动型混合料,再均匀洒布于路面上的封层。微表处和稀浆封层是两种完全不同的类型,二者的差别主要在于原材料组成、施工机械的要求与质量。

七、热拌沥青混合料面层的种类及用途

热拌沥青混合料适用于各种等级公路的沥青面层。由于材料的公称最大粒径不同,级配不同,沥青混合料可分为不同种类,见表 3-3。其规格以方孔筛为准,作面层的沥青混合料集料最大粒径不宜超过 31.5mm。

热拌沥青混合料面层种类　表 3-3

混合料类别	密级配		开级配	半开级配	公称最大粒径(mm)	最大粒径(mm)
	连续级配	间断级配	间断级配			
	沥青混凝土	沥青玛蹄脂碎石	排水式沥青磨耗层	沥青碎石		
特粗式	—	—	—	—	37.5	53.0
粗粒式	—	—	—	—	31.5	37.5
	AC—25	—	—	—	26.5	31.5
中粒式	AC—20	SMA—20	—	AM—20	19.0	26.5
	AC—16	SMA—16	OGFC—16	AM—16	16.0	19.0
细粒式	AC—13	SMA—13	OGFC—13	AM—13	13.2	16.0
	AC—10	SMA—10	OGFC—10	AM—10	9.5	13.2
砂粒式	AC—5	—	—	AM—5	4.75	9.5
设计空隙率(%)	3~5	3~4	>18	6~12		

注:作基层用的热拌沥青混合料未列出。

应根据不同地区道路等级及所处层位的功能要求，并综合考虑满足耐久性、抗车辙、抗裂、抗水损害能力、抗滑性能等多方面要求以及施工机械、工程造价等实际情况选择沥青混合料的种类。沥青路面各层适用的沥青混合料类型见表3-4。

沥青路面各层适用的沥青混合料类型　　表3-4

筛孔系列	结构层次	高速公路、一级公路、二级公路		其他等级公路	
		三层式沥青混凝土路面	两层式沥青混凝土路面	沥青混凝土路面	沥青碎石路面
方孔筛系列	上面层	AC—13　SMA—10 AC—16　SMA—13 AC—20	AC—13 AC—16	AC—10 AC—13	AM—10 AM—13
	中面层	AC—20　SMA—16 AC—25　SMA—20			
	下面层	AC—20 AC—25	AC—20 AC—25	AM—16 AM—20	AM—16 AM—20

八、沥青路面使用性能的气候分区

沥青路面的长期路用性能不仅与荷载有关系，还与环境因素及气候因素有关。夏季持续高温是引起沥青路面车辙的重要原因，冬季气温骤降将导致沥青路面的开裂。

我国幅员辽阔，气候变化大，各个地区对沥青路面的使用性能的要求应有差别，在"八五"期间，交通部公路科学研究所与中国气象科学研究院合作，使用了全国600多个气象台站30年的气象数据进行统计分析，提出了我国"沥青及沥青混合料气候分区指标"及相应的分区图。气候分区指标分别为高温指标、低温指标和雨量指标。使用七月平均最高气温作为高温指标，全国划分为>30℃、30~20℃、<20℃三个区；选用年最低气温(30年一遇预期最低气温)作为低温指标，将全国分为>-9℃、-9~-21.5℃、-21.5~-37℃、<-37℃四个区；选用年降雨量作为雨量指标，将全国分为>1 000mm、500~1 000mm、250~500mm、<250mm四个区。

气候分区对于研究沥青面层最高温度与气温的关系和计算沥青路面的温度应力、车辙深度等奠定了基础。

第四节　新型沥青路面结构层

一、沥青玛蹄脂碎石混合料路面

沥青玛蹄脂碎石混合料(Stone Mastic Asphalt，简称SMA)是由沥青结合料与少量的纤维稳定剂、细集料以及较多量的填料(矿粉)组成的沥青玛蹄脂填充于间断级配的粗集料骨架的间隙中，所形成的骨架密实结构型沥青混合料。除这些常用材料种类外，有时，沥青改性剂等也是重要的组成成分。

沥青玛蹄脂碎石路面在重交通作用下有良好的抗车辙能力，这是因为高含量的粗骨料在混合料中颗粒面与面直接接触、相互锁结构成的骨架直接承受了荷载的作用。这种骨架与温度敏感性小而含量较高的矿粉、沥青、纤维稳定剂形成黏聚力很高的胶凝状物——玛蹄脂，使得混合料的整体力学性质提高。这两方面的作用使混合料具有足够的竖向与侧向约束，导致在车辆荷载的作用下，不产生或只产生微小的永久性变形。

在密级配沥青混凝土中，实际上主要是由沥青与细集料所形成的胶浆承受交通荷载，这是因为粗颗粒在沥青混凝土中悬浮于胶浆中，未能形成紧密相接的骨架。所以，胶浆的受力变形性质就反映出整个混合料的变形性质。由于胶浆对温度敏感性大，在高温下发生的变形较大，因此，密级配沥青混凝土在高温季节、重交通作用下会产生较大的车辙。

实践表明，沥青玛蹄脂碎石路面的耐久性、抗裂性及抗疲劳裂缝的性能比沥青混凝土路面要高，这是因为较高的沥青含量及较多的矿粉，减小了空隙率，使老化的速度、水蚀作用降低；减少了微裂缝，提高柔韧性，使应力集中程度降低，抗变形能力得到改善。

SMA 适用于作高速公路、一级公路的抗滑表层，其厚度宜为 3.5～4cm。

SMA 对材料的要求如下：

(1)石料　磨光值应大于 42，最大粒径宜为 13.2mm 或 16mm。

(2)沥青　应选用针入度较小、黏度较大的沥青，并宜采用改性沥青，油石比不宜小于 6.2%。

(3)纤维稳定剂　常用的纤维稳定剂有木质素纤维和矿物纤维，其用量(占混合料总质量的百分率)分别为 0.3%、0.4%。

(4)混合料的矿料级配及配合比设计　可采用国内成功的经验及方法进行，5mm 以上粗集料用量不低于 70%，0.075mm 通过量宜为 8%～13%，马歇尔稳定度不宜低于 6.2kN，空隙率宜控制在 2%～4%的范围内。但必须进行车辙试验检验，动稳定度不低于 1 500 次/mm。

二、透水性沥青路面

透水性沥青路面是指用大空隙的沥青混合料铺筑，能迅速从内部排走路表雨水，具有防滑、抗车辙及降低噪声的路面。主要强调其降噪声功能时，又称为低噪声路面。透水性沥青路面属骨架空隙结构型沥青混合料路面，它包括排水式沥青磨耗层(OGFC)和排水式沥青碎石基层(ATPB)，其孔隙率比普通沥青碎石要高，一般在 18%左右。

透水性沥青路面具有以下几个方面的特点：

1.排水和抗滑性能好

透水性沥青混合料最大的特点就是大空隙率。由于空隙率大，使得混合料内部的空隙呈连通状态，从而在有坡降、遇雨水时，水可沿连通的空隙流动，最后排走。

透水性沥青路面可提高雨天的抗滑性和雨天的行车速度。众所周知，在雨天普通路面上高速行车会产生水滑现象，汽车有失去控制的感觉，使行驶的车辆处于危险状态。水滑现象是由于路表面来不及排走的高压水膜将轮胎托起而产生。水滑现象的严重程度取决于车速、路表积水深度、轮胎及路表构造深度。在透水性路面上，由于雨水能及时排走，因而消除了水滑现象。即使表面仍有部分积水，也会因路面的丰富空隙使水压沿多方向消散，这样可保持车轮与路面的稳定接触，避免或减轻在中、大雨时的水漂程度，防止刹车和操纵失控，提高安全性。

同时，由于完全排除或减少雨天路表积水，可大大减少行驶车轮引起的水雾及溅水，使雨天行车的能见度提高，并且避免雨天夜间行车车灯造成的眩光。因此，透水性沥青路面可提高雨天行车的速度和安全性。透水性沥青路面在一般条件下也具有良好的抗滑性能。

2.降低噪声性能好

汽车轮胎在路面上滚动产生的噪声在交通噪声中所占的比例越来越大，当车速超过

50km/h 时更为突出。这种噪声一般由三部分组成:一是撞击噪声,由车辆轮胎撞击路面产生,其大小与轮胎花纹、路表面的纹理有关,而路表面纹理又与集料几何形状、级配等有关;二是气压噪声,由车辆轮胎变形时轮胎沟槽中的空气受到挤压而振动、喷射所产生的噪声;三是滑粘噪声,由橡胶轮胎在路表上吸着拖滑而产生的噪声。光滑的表面虽可降低撞击噪声,却会增大气压噪声和滑粘噪声,而多孔隙的路面可使气流顺利消散,所以降低了这两部分噪声。

3.高温稳定性好

透水性沥青路面高温稳定性的抗车辙能力比一般沥青混凝土高。例如用高黏度改性沥青配制的透水性沥青混合料其动稳定度可达 5 000 次/mm,主要是因为大颗粒间的相互直接接触而构成的骨架结构承担了荷载的作用,所以,在高温下抵抗变形的能力大。

4.耐久性差

透水性沥青路面其耐久性比一般沥青混合料路面要低,主要表现为:透水性路面在使用一定时间后,孔隙会由于灰尘、污物堵塞而减少,排水、吸音效果降低,产生老化、剥落现象的时间会提前。由于这些问题,使得透水性路面的使用品质下降。

透水性沥青路面的缺陷,在选料、设计、养护方面采取专门措施,在某种程度上,可消除或弥补这些不足。如聚合物改性沥青透水路面的耐久性比不改性的高,这是因为改性沥青可增加沥青薄膜的厚度,延缓沥青的老化,同时也可改善沥青与矿料间的黏结力;高压注水吸出法或双氧水发泡法清洗等工艺可消除孔隙堵塞,保持路面排水、吸音等功能。这些措施都可以提高透水性路面的耐久性。在高等级公路上,快速通过的车轮对路表反复的泵吸作用也可起到清洁效果。

三、塑料格栅沥青路面

沥青路面由于其本身特有的优良路用性质,在整个公路网中所占的比重非常大,在今后我国的高等级公路的建设中,仍将是主要的路面形式。但是,沥青路面的高温稳定性、低温抗裂性、耐久性等是要考虑的问题。另外,在半刚性基层上的沥青路面的反射裂缝以及水泥混凝土板上加铺沥青面层后产生反射裂缝等也是道路建设中的棘手问题。许多研究者对于这些问题进行了大量的研究,试图解决这些理论与实践问题,且已取得许多成果。许多新的设计方法、新的路面结构形式、新的复合材料组成设计等都从某一侧面或某几个方面解决了沥青路面所存在的问题。塑料格栅沥青路面就是其中在设计思想、材料选择方面全新的方法之一。

塑料格栅沥青路面就是在沥青结构层中或在沥青结构层底部加铺塑料格栅而形成的路面。

塑料格栅是将高压聚乙烯或聚丙烯压成薄片,打出有规则图案的网眼,再加热控制拉伸成网格,使杂乱的长链分子变得定向、有序,从而提高了聚合物的抗拉强度和弹性模量。如果是双向拉伸,则形成双轴格。双轴格栅的纵横向强度相等、性质均匀、变形强度高。土工格栅的强度相当于网绳熔化黏结而形成的土工网格的 5~10 倍,且具有高韧性、高耐磨性、对颗粒材料的嵌锁作用强等特点。塑料格栅最初是以土工布的形式用于基础和路基的加固以及软土地基的处理,土工布、塑料格栅用于地基、基础等加固的设计方法、施工方法已比较成熟。塑料格栅加铺在沥青路面中改善路面路用性能始于 20 世纪 80 年代,在我国的研究与应用也是近几年的事,还需不断研究总结。

英国的研究认为,加铺塑料格栅的沥青路面比不加铺格栅的沥青路面可推迟疲劳裂缝产生时间达 1~9 倍,可以减少车辙 50%。日本的研究认为,由于塑料格栅对沥青混合料中矿料颗粒具有约束作用，从而减少了累积塑性变形，起到了抗车辙作用。美国的研究认为，加铺格栅后可改变路面结构的应力分布，减小沥青层厚度，称为厚度效应。还有许多试验表明，从减少反射裂缝和车辙的角度看，加铺塑料格栅可以使路面结构的使用寿命提高3倍以上；就疲劳开裂而言，可延长寿命10倍。我国许多研究结果也表明有上述类似的规律。

归纳起来，塑料格栅沥青路面具有较高的疲劳寿命、抗车辙能力，既可以延缓反射裂缝的出现，又可以减薄沥青面层的厚度。

目前，塑料格栅一般设置在沥青层底部。设置格栅前，首先将下承层表面整平，若下承层为旧路面，应处理沉陷部位和填灌裂缝。在平整的表面上铺设格栅时，应注意使格网平直、端部固定。格栅间在纵横向都应重叠搭接，两格栅间在纵向搭接宽度为15cm，横向搭接25cm左右，且按摊铺方向使下段格栅放在前段格栅下面。

第五节　水泥混凝土面层板

一、水泥混凝土路面的特性

水泥混凝土路面包括普通混凝土、钢筋混凝土、连续配筋混凝土、复合式混凝土、水泥混凝土预制块和钢纤维混凝土等面层板和基(垫)层所组成的路面。目前应用最广泛的是就地浇筑的普通混凝土路面，亦称素混凝土路面。

所谓普通混凝土路面，是指除接缝区和局部范围(边缘和角隅)外面层内均不配置钢筋的水泥混凝土路面。与其他类型路面相比，混凝土路面具有以下优点：

(1)强度高　混凝土路面具有很高的抗压强度和较高的抗弯拉强度以及抗磨耗能力。

(2)稳定性好　混凝土路面的水稳性、热稳性均较好，特别是它的强度能随着时间的延长而逐渐提高，不存在沥青路面的那种老化现象。

(3)耐久性好　由于混凝土路面的强度和稳定性好，所以它经久耐用，一般能使用20~40年，而且它能通行包括履带式车辆在内的各种运输工具。

(4)有利于夜间行车　混凝土路面色泽鲜明，能见度好，对夜间行车有利。

混凝土路面的缺点主要有以下几方面：

(1)对水泥和水的需要量大　修筑20cm厚7m宽的混凝土路面，每1 000m要耗用水泥400~500t和水约250t，尚不包括养生用的水在内，这对水泥供应不足和缺水地区来说有较大困难。

(2)有接缝　普通混凝土路面要设置许多接缝，这些接缝不但增加施工和养护的复杂性，而且容易引起行车跳动，影响行车的舒适性。接缝又是路面的薄弱点，如处理不当，将导致路面板边和板角处破坏。

(3)开放交通较迟　混凝土路面完工后，一般要经过28d的潮湿养生才能开放交通，如需提早开放交通，则需采取特殊措施。

(4)修复困难　混凝土路面损坏后，开挖很困难，修补工作量也大，且影响交通。

二、混凝土面板

理论分析表明，车轮荷载作用于板中部时，板所产生的最大应力约为轮载作用于板边部时的2/3。因此，面层板的横断面应采用中间薄两边厚的形式，以适应荷载应力的变化，一般边部厚度较中部约为25%，从路面最外两侧板的边部，在0.6～1.0m宽度范围内逐渐加厚。但是厚边式路面给土基和基层的施工带来不便；而且使用经验也表明，在厚度变化转折处，易引起板的折裂。因此，目前国内外常采用等厚式断面。混凝土面板的最小厚度为18cm。

混凝土面板应保证表面平整、耐磨、抗滑。混凝土路面的平整度以3m直尺量测为准。3m直尺与路面表面的最大间隙：高速公路和一级公路不应大于3mm；其他各级公路不应大于5mm。混凝土路面的抗滑标准以构造深度为指标。高速公路和一级公路一般路段为0.70～1.10mm，特殊路段为0.80～1.20mm；其他各级公路一般路段为0.50～0.90mm，特殊路段为0.60～1.00mm。对年降雨量在600mm以下的地区，可适当降低。

三、水泥混凝土路面的工作特性和力学特性

水泥混凝土路面为刚性路面，但因其在车辆荷载作用下变形微小，混凝土板工作在弹性阶段，即在汽车荷载作用下，板内产生的最大应力不超过水泥混凝土的极限应力，同时，由于板体处于弹性工作状态，在荷载作用下，基层和土基所承受的荷载单位压力及产生的挠度（变形）也较小，它们也都处于弹性阶段。因此，从力学体系上看，水泥混凝土路面亦属于弹性层状体系。

水泥混凝土路面与柔性路面相比，其特性主要有：

(1)混凝土面板的弹性模量与力学强度大大高于基层和土基的相应模量与强度。

(2)混凝土的抗拉强度远小于抗压强度，一般为抗压强度的1/6～1/7，因此其设计强度指标是极限抗弯拉强度。

(3)由于混凝土板与基层或土基之间的摩阻力一般不大，所以在力学图式上可把水泥混凝土路面结构看作是弹性地基板，在作有关计算时，采用弹性地基板理论。

(4)在车辆荷载作用下，混凝土板产生弯曲。当轮载作用于板中部时，板顶出现压应力，而板底面承受弯拉应力；当轮载作用于板角时，板底面承受压应力，而板顶面出现弯拉应力。可见，在重复荷载作用下，混凝土板反复承受弯拉应力与压应力的作用。因此其破坏是由于疲劳引起的损坏。由于混凝土的抗拉强度比抗压强度低得多，在车辆荷载作用下，当弯拉应力超过混凝土板极限抗弯拉强度时，将使板产生断裂破坏。

(5)由于板顶面和底面的温度变化，致使在板体内产生温度翘曲应力，板的平面尺寸越大，翘曲应力越大，这种温度疲劳应力是导致混凝土板破坏的原因之一。因此，在设计中，应考虑荷载疲劳应力与温度疲劳应力的综合作用。

(6)水泥混凝土是一种脆性材料，它在断裂时的相对拉伸变形很小，在弯曲断裂时的表面相对拉伸变形只有1/10 000～3/10 000，所以在荷载作用下，土基、基层的变形情况对混凝土面板的影响很大。不均匀的变形会导致面板与基层脱空，板体由此而产生断裂。因此，要求板下的土基和基层不但要有足够的强度，更要注意其均匀性和水稳性，同时要求基层要有相当好的平整度。

四、水泥混凝土路面常见的破损现象

水泥混凝土路面的使用性能在行车因素的不断作用下逐渐变差，以至出现各种类型的损坏现象，大体分为接缝破损和混凝土板损坏两个方面。

1.接缝破损

1)挤碎

挤碎出现于横向接缝（主要是胀缝）两侧数十厘米宽度内。这是由于胀缝内的滑动传力杆

位置不正确,或滑动端的滑动功能失效,或施工时胀缝内局部有混凝土搭连,或胀缝内落入坚硬的杂物等原因,阻碍了板的热胀,使混凝土在膨胀时受到较高的挤压应力,当其超过混凝土的抗剪强度时,板即发生剪切挤碎。

2)拱起

混凝土面板受热膨胀而受阻时,某一接缝两侧的板突然向上拱起。这是由于板收缩时缝隙张开,填缝料失效,坚硬碎屑等不可压缩的材料塞满缝隙,使板在膨胀时产生较大的热压应力,从而出现纵向压弯失稳。

3)错台

指横向接缝两侧路面板出现的相对位移。当胀缝下部嵌缝板与上部缝隙未能对齐,或胀缝两侧混凝土壁面不垂直时,使缝旁两板在伸胀挤压过程中,会上下错开而形成错台;当地面水通过接缝渗入基层使其软化,或者接缝传荷能力不足或传力效果降低时,都会导致错台的产生;当交通量或基层承载力在横向各幅板上分布不均匀,各幅板沉陷不一致时,纵缝亦会产生错台现象。

4)唧泥

指汽车行经接缝时,由缝内喷溅出稀泥浆的现象。在轮载的频繁作用下,基层由于塑性变形累积而同面板脱空,地面水沿接缝下渗而积聚在脱空的空隙内,在轮载作用下积水变成有压水而同基层内浸湿的细料混搅成泥浆,并沿接缝缝隙喷溅出来。唧泥的出现,使面板边缘部分失去支承,因而往往在离接缝 1.5 ~ 1.8m 范围内产生横向裂缝。

此外,纵缝两侧的横缝前后错开、纵缝缝隙拉宽、填料丧失和脱落等也属于接缝的破坏。

2.混凝土板本身的破坏

混凝土板本身的破坏主要是断裂和裂缝。面板由于所受内应力超过了混凝土的强度而出现横向或纵向以及板角的断裂和裂缝。其原因主要有:板太薄或轮载太重;行车荷载的渠化作用(荷载作用次数超过允许值);板的平面尺寸太大,使温度翘曲应力过大;养护期间收缩应力过大;基层过量的塑性变形,使板底脱空失去支承;由于材料或施工质量不良,混凝土强度未达到设计要求等。断裂裂缝破坏了板的结构整体性,使板丧失应有的承载力。

第六节　路 面 排 水

一、路面表面排水

路面表面排水的主要任务是迅速把降落在路面和路肩表面的降水排走,以免造成路面积水而影响行车安全。路面表面排水设计应遵循下列原则:

(1)降落在路面上的雨水,应通过路面横向坡度向两侧排流,避免行车道范围内出现积水。

(2)在路线纵坡平缓、汇水量不大、路堤较低且边坡坡面不会受到冲刷的情况下,应采用在路堤边坡上横向漫坡的方式排除路面表面水。

(3)在路堤较高,边坡坡面未做防护而易遭受路面表面水流冲刷,或者坡面虽已采取防护措施但仍有可能受到冲刷时,应沿路肩外侧边缘设置拦水带,汇集路面表面水,然后通过泄水口和急流槽排离路堤。

(4)设置拦水带汇集路面表面水时,拦水带过水断面内的水面,在高速公路及一级公路上不得漫过右侧车道外边缘,在二级及二级以下公路上不得漫过右侧车道中心线。

当路基横断面为路堑时，横向排流的表面水汇集于边沟内。当路基横断面为路堤时，可采用两种方式排除路面表面水：一种是让路面表面水以横向漫流形式向路堤坡面分散排放；另一种方式是在路肩外侧边缘放置拦水带，将路面表面水汇集在拦水带同路肩铺面（或者路肩和部分路面铺面）组成的浅三角形过水断面内，然后通过相隔一定间距设置的泄水口和急流槽集中排放到路堤坡脚外。两种排水方式的选择，主要依据表面水是否对路堤坡面造成冲刷危害。在汇水量不大，路堤不高，路线纵坡不大，坡面耐冲刷能力强的情况下，应优先采用横向漫流分散排放的方式。在表面水有可能冲刷路堤坡面的情况下，则采用将路面表面水汇集在拦水带内，通过泄水口和急流槽集中排放的方式。由于修筑拦水带和急流槽需增加工程投资，因而，须对投资的经济性进行分析和比较：是采用有效的坡面防护措施而不设拦水带和急流槽经济，还是修筑拦水带和急流槽而降低对坡面防护工程的要求合算。

拦水带可用沥青混凝土现场浇筑，或者由水泥混凝土预制铺砌而成。采用水泥混凝土预制块拦水带时，应避免预制块影响路面内部水的排泄。拦水带的横断面尺寸可参考图3-1。

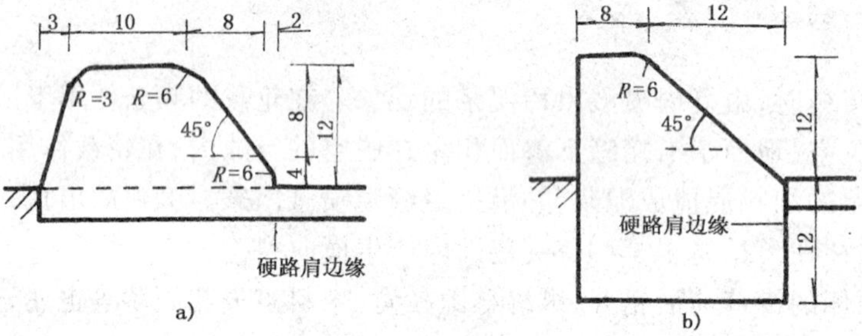

图3-1 拦水带横断面参考尺寸（尺寸单位：cm）

a)沥青混凝土拦水带；b)水泥混凝土拦水带

拦水带的泄水口可设置成开口（喇叭口）式。设在纵坡坡段上的泄水口为提高泄水能力，宜做成不对称的喇叭口，并在硬路肩边缘的外侧设置逐渐变宽的低凹区，低凹区的铺面类型与路肩相同，其平面布置可参照图3-2。设在平坡或缓坡坡段上时，泄水口可做成对称式。泄水口的泄水量以及开口长度、低凹区宽度和下凹深度等尺寸应按泄水口水力计算确定。

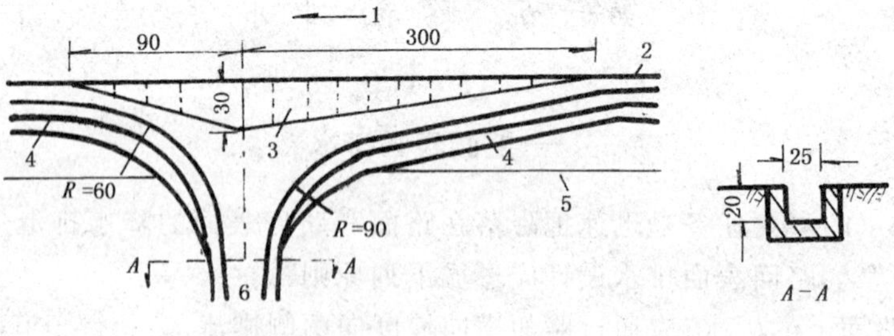

图3-2 纵坡坡段上拦水带不对称泄水口的平面布置示图（尺寸单位：cm）

1-水流流向；2-硬路肩边缘；3-低凹区；4-拦水带顶；5-路堤边坡坡顶；6-急流槽

二、中央分隔带排水

中央分隔带排水是高速公路及一级公路地表排水的重要内容，应根据分隔带宽度、绿化和交通安全设施的形式及分隔带表面的处理方式等因素选择不同的排水方式。我国的《公路排水设计规范》（JTJ 018—97）将中央分隔带排水划分为三种类型：

(1)宽度小于 3m 且表面采用铺面封闭的中央分隔带排水，降落在分隔带上的表面水排向两侧行车道，其坡度与路面的横坡度相同；在超高路段上，可在分隔带上侧边缘处设置缘石或泄水口，或者在分隔带内设置缝隙式圆形集水管或碟形混凝土浅沟和泄水口，如图 3-3 所示，以拦截和排泄上侧半幅路面的表面水。

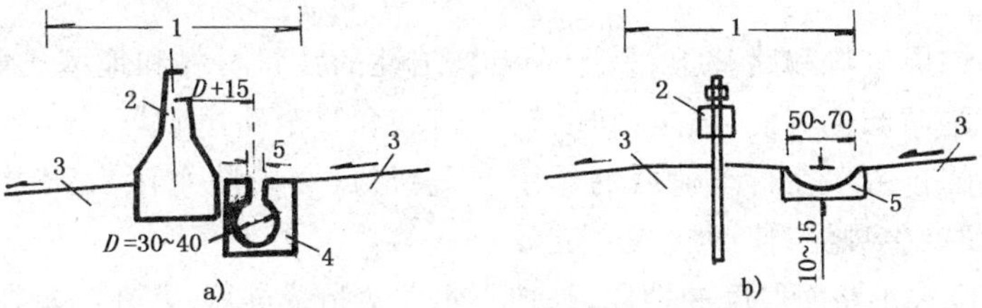

图 3-3　超高路段上设置缝隙式圆形集水管或碟形混凝土浅沟(尺寸单位：cm)

a)缝隙式圆形集水管；b)碟形混凝土浅沟

1-中央分隔带；2-护栏；3-铺面；4-缝隙式圆形集水管；5-碟形混凝土浅沟

缘石过水断面的泄水口可采用开口式、格栅式或组合式；碟形混凝土浅沟的泄水口采用格栅式。格栅铁条应平行于水流方向，孔口的净泄水面积应占格栅面积的一半以上，泄水口间距和截流量计算以及断面尺寸等可通过计算选取。

(2)宽度大于 3m 且表面未采用铺面封闭的中央分隔带排水，降落在分隔带上的表面水汇集在分隔带中央的低洼处，并通过纵坡排流到泄水口或横穿路界的桥涵水道中。分隔带的横向坡度不得陡于 1∶6，分隔带的纵向排水坡度，在过水断面无铺面时不得小于 0.25%，有铺面时不得小于 0.12%。当水流速度超过地面土的最大允许流速时，应在过水断面宽度范围内对地面土进行防冲刷处理，做成三角形或 U 形断面的水沟。防冲刷层可采用石灰或水泥稳定类材料，或者采用浆砌片石铺砌，层厚 10～15cm。

在中央分隔带内的水流流量过大或流速超过允许范围处，或者在分隔带低凹区的流水汇集处，应设置格栅式泄水口，并通过排水管排到桥涵或路界外。格栅可以同周围地面齐平，也可适当降低，并在其周围一定宽度范围内做成低凹区，如图 3-4 所示，以增加泄水能力。

(3)表面无铺面且未采用表面排水措施的中央分隔带，降落在分隔带上的表面水下渗，由分隔带内的地下排水设施排除。常用的纵向排水渗沟如图 3-5 所示，应隔一定间距通过横向

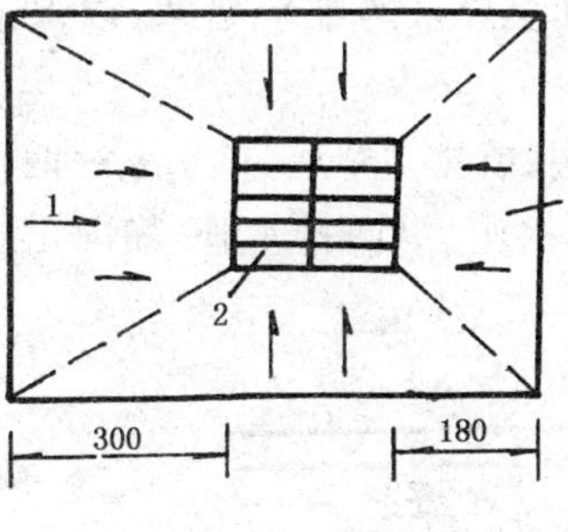

图 3-4　中央分隔带格栅式泄水口布置示意图(尺寸单位：mm)

1-上游；2-格栅；3-低凹区

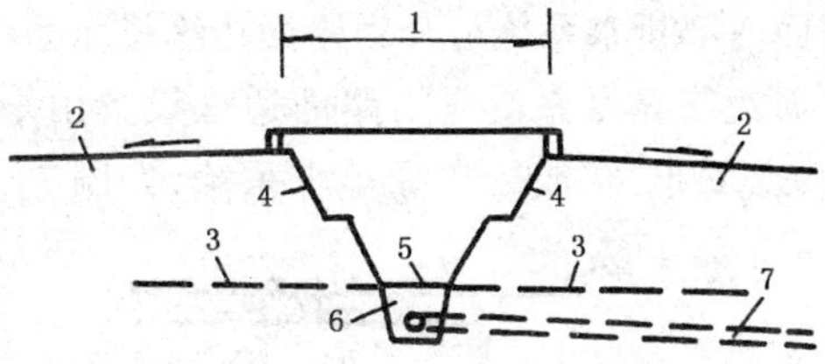

图 3-5　中央分隔带下设排水管渗沟示意图

1-中央分隔带；2-路面；3-路床顶面；4-隔渗层；5-反滤织物；6-渗沟；7-横向排水管

排水管将渗沟内的水排出路界。渗沟周围包裹反滤织物(土工布)，以免渗入水携带的细粒将渗沟堵塞。渗沟上的回填料与路面结构的交界面铺设涂双层沥青的土工布隔渗层。排水管可采用直径 70～150mm 的塑料管。

三、路面内部排水

降落在路面表面的水可以通过路面接缝、裂缝、路面表面和路肩渗入路面，或是高水位地下水、截断的含水层和当地泉水进入路面结构，被围封在路面结构内的水分产生的有害影响可归纳如下：

(1)浸湿各结构层材料和路基土，易造成无黏结性的粒状材料和地基土的强度降低；

(2)使混凝土路面产生唧泥，随之出现错台、开裂和整个路肩破坏；

(3)进入空隙的自由水在行车荷载的作用下，会形成高孔隙水压力和高流速的水流，引起路面基层的细颗粒产生唧泥，使面层失去支撑；

(4)在冰冻深度大于路面厚度的地段，高地下水位会造成冻胀，并在冻融期间降低承载能力；

(5)与水经常接触将使沥青混合料剥落，影响沥青混凝土耐久性并产生龟裂。

大量的路面损坏状况调查和路面使用经验表明，进入路面结构内的自由水是造成或加速路面损坏的重要原因。国外的一些对比分析和试验段观察结果表明，设有排水基层的路面，其使用寿命要比未设的提高30%(沥青混凝土路面)和50%(水泥混凝土路面)左右。因而，采用内部排水设施所增加的资金投入，可以很快从路面使用性能的提高、使用寿命的增加和养护工作的减少中得到补偿。

遇有下列情况时，宜设置路面内部排水系统：

(1)年降水量为600mm以上的湿润和多雨地区，路基由透水性差的细粒土(渗透系数不大于10^{-5}cm/s)组成的高速公路和一级公路或重要的二级公路。

(2)路基两侧有滞水，可能渗入路面结构内。

(3)严重冰冻地区，路基为粉质土组成的潮湿、过湿路段。

(4)现有路面改建或改善工程，需排除积滞在路面结构内的水分。

路面内部排水系统设计应符合下列要求：

(1)路面内部排水系统中各项排水设施的泄水能力均应大于渗入路面结构内的水量，且下游排水设施的泄水能力应超过上游排水设施的泄水能力。

(2)渗入水在路面结构内的最大渗流时间，冰冻地区不应超过1h，其他地区不应超过2(重交通)~4h(轻交通)。渗入水在路面结构内的渗流路径长度不宜超过60m。

(3)各项排水设施不应被渗流从路面结构、路基或路肩中带来的细料堵塞，以保证系统的排水能力不随时间推移而很快丧失。

路面内部排水系统可分为路面边缘排水系统和排水基层(或排水垫层)排水系统两种类型。

路面边缘排水系统是沿路面边缘设置由渗水性填料集水沟、纵向排水管、横向出水管和过滤织物(土工布)组成的边缘排水系统，如图3-6所示。

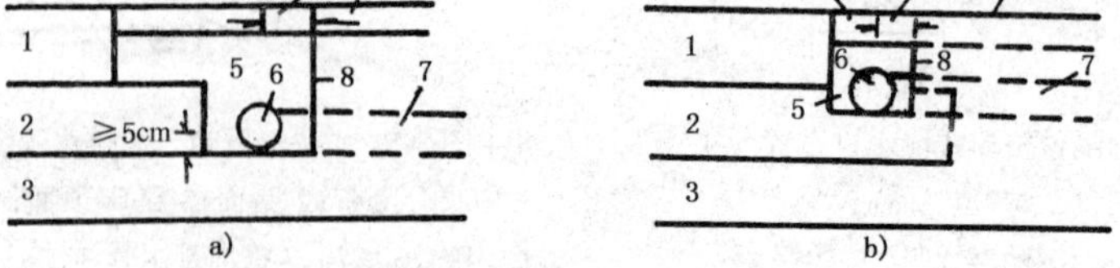

图3-6　边缘排水系统示意图

a)新建路面边缘排水系统；b)改建路面边缘排水系统

1-面层；2-基层；3-垫层；4-路肩面层；5-集水沟；6-排水管；7-出水管；8-反滤织物；9-回填路肩面层

直接在面层下设置透水性排水基层，在其边缘设置纵向集水沟和排水管以及横向出水管等，由此组成排水基层排水系统，如图 3-7 所示。

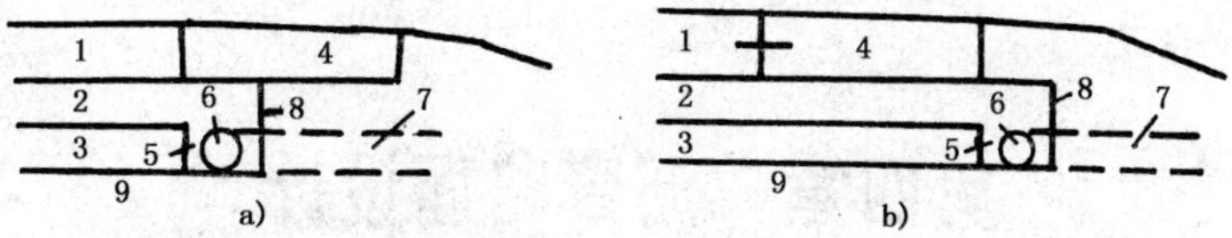

图 3-7　排水基层排水系统

1-面层；2-排水基层；3-不透水垫层；4-路肩面层或混凝土路肩面层；5-集水沟；6-排水管；7-出水管；8-反滤织物；9-路基

第四章　沥青路面设计

第一节　沥青路面设计的方法

一、设 计 任 务

路面设计工作是公路设计工作中一个重要的组成部分。目前，随着国民经济建设事业的飞速发展，公路交通发展规模也越来越大，高等级公路特别是高速公路的大量建设，对公路路面的要求越来越高。路面工程在整个公路工程中，所需经费的比例也在逐渐增大，因此，路面设计更显得十分重要。

沥青路面设计工作的具体任务是：确定合理的路面等级，选择适合的路面类型，进行结构组合设计、路面材料配合比设计及路面厚度计算等。为正确地完成上述任务，在路面设计之前，应进行专门的外业调查，搜集有关资料，以作为路面设计工作的依据。在外业调查时，要进行下列几个主要方面的工作：

(1)工程地质和水文地质条件调查；

(2)天然土湿度和水文资料调查；

(3)气象资料调查；

(4)路面材料产地和供应情况调查；

(5)当地路面使用经验和其他方面的调查；

(6)交通量及交通组成情况调查；

(7)投资情况调查；

(8)施工单位的技术力量，机具设备、劳动力组成情况调查；

(9)原有路基路面状况调查。

二、设 计 程 序

(1)根据设计任务书的规定，并综合考虑国家政治、经济、国防、旅游、公路等级、交通量和交通组成、建筑投资和其他方面的要求，确定合理的路面等级和面层类型，计算在设计年限内换算为标准轴载的累计当量轴次和路表设计弯沉值及容许弯拉应力值。

(2)按路基土组干湿类型将设计路段划分为若干段(每段一般情况下不宜小于 500m，若为大规模机械化施工，不宜小于 1km)，确定各段土基回弹模量值。

(3)按照路面结构的强度与稳定性要求，并全面考虑当地气候、土质、材料、施工等具体因素，拟定几种可能的路面结构组合与厚度方案，根据实测或参考有关经验值确定各结构层材料的回弹模量值。

(4)根据设计弯沉值计算路面厚度。对于高速公路、一级公路、二级公路的沥青混凝土面层和整体性材料基层、底基层，应验算其弯拉应力是否满足容许拉应力的要求。如不满足要求应通过调整路面结构层厚度，或变更路面结构组合，或调整材料配合比以提高极限抗弯拉强度后，再重新计算。

对于季节性冰冻地区的高级和次高级路面，尚需验算防冻厚度是否符合要求。

(5)进行技术经济比较，确定最终的路面结构方案。

上述设计程序的框图如图 4-1 所示。

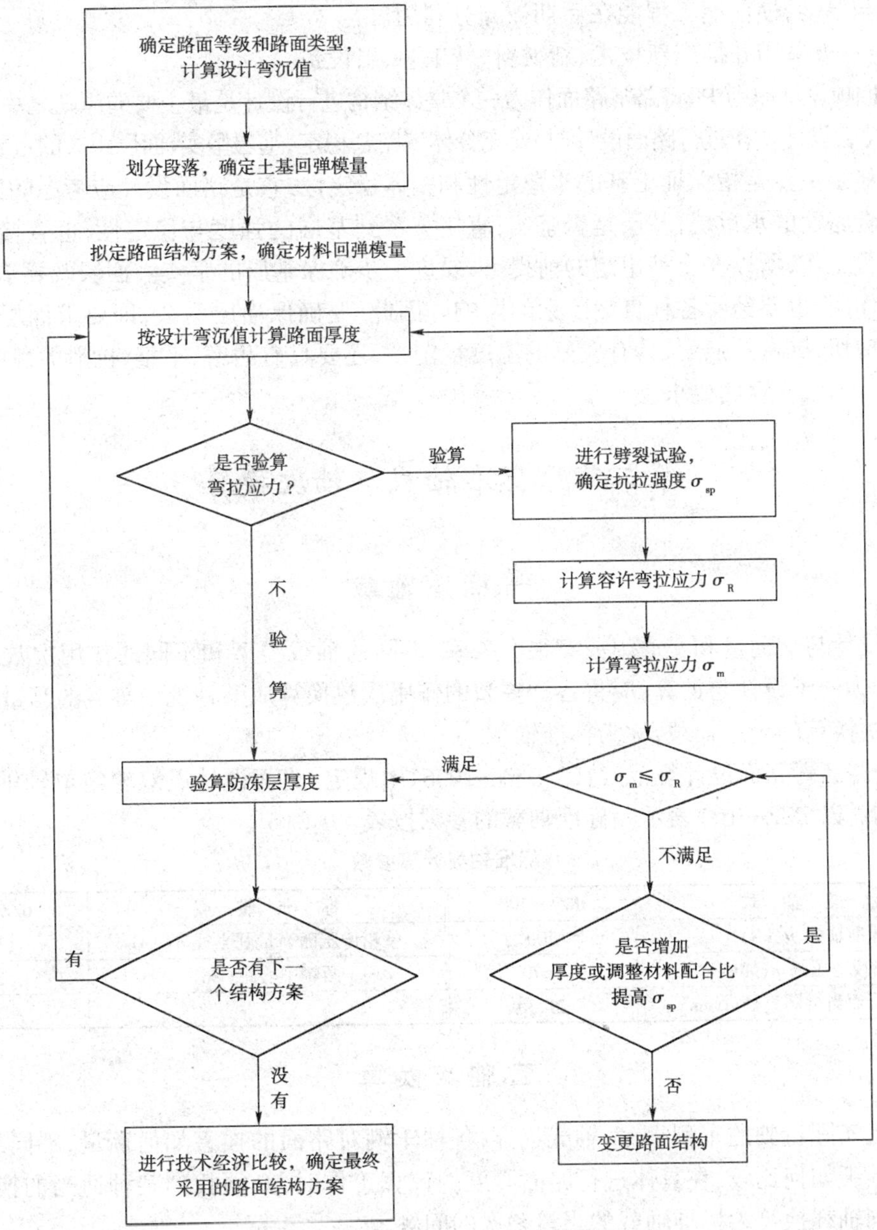

图 4-1 沥青路面设计程序框图

三、设计原则

为使得沥青路面的设计技术先进，经济合理，路面安全适用并与周围环境协调，在设计工作中应遵循下列原则：

(1)应根据使用要求与当地的自然条件(包括气候、水文、土质等)在充分掌握基本资料的基础上,按面层耐久、基层坚实、土基稳定的要求进行综合设计。

(2)应贯彻"因地制宜、合理选材"的原则,结合当地经验拟定几种路面结构方案,进行分析比较,并优先选用便于机械化和工厂化施工,并利于养护的方案。

(3)应从技术经济上论证是否有必要考虑分期修建。对分期修建的路面工程,应合理设计结构层次与厚度,使前期工程能在后期被充分利用。

(4)应积极采用并推广新技术、新材料、新工艺、新设备。

以上四项设计原则中,将路基路面作为一个整体结构进行设计是最主要的原则之一,通常称为路基路面综合设计。在进行路面设计时,要充分体现路基稳定,基层坚实,面层耐久的重要原则。

路基稳定主要是指保证土基的水稳定性和整体稳定性,它是路面设计应考虑的先决条件。基层是沥青路面的承重层,基层是否坚实,直接关系到基层的强度与稳定性,也直接关系到面层能否正常工作,所以在土基稳定的前提下,要进一步确保基层的坚实。面层既要承受车轮荷载的直接作用,也要经受各种自然因素的影响。因此,要确保面层耐久,即要求面层不但要有较高的抗剪切、抗弯拉强度,具有较好的温度稳定性,还要具有耐磨、平整、抗滑的性能,以满足行车舒适、快速、安全的要求。

第二节　标准轴载与轴次换算

一、标准轴载

路面设计与交通量和交通组成有很大关系,不同的轴载类型和不同的作用次数对路面影响也不同,为便于设计与计算,应将各种轴载的作用次数换算成某种统一轴载的当量轴次。这种作为轴次换算的统一轴载,称为标准轴载。

在《公路沥青路面设计规范》(JTG D50—2006)中规定:路面设计以双轮组单轴轴重100kN为标准轴载,以BZZ—100表示。标准轴载的参数按表4-1确定。

标准轴载计算参数　　表4-1

标准轴载	BZZ—100	标准轴载	BZZ—100
标准轴载 P(kN)	100	单轮传压面当量圆半径 δ(cm)	10.65
轮胎接地压强 p(MPa)	0.70	两轮中心距(cm)	3δ
单轮传压面当量圆直径 d(cm)	21.30		

二、轴次换算

公路上实际行驶的车型很多,轴载各异,各种车辆对路面的损害如何衡量,不同组合交通对路面的损害如何比较,在具体进行路面厚度的计算工作时,必须找到某种适当的换算方式,以解决不同轴载换算为标准轴载的当量轴次的问题。

轴次换算是以等效原则为基础进行的。所谓等效包括两方面的含义:第一,对于同一种路面结构,若一种轴载作用了 N_1 次使路面达到极限破损状态,而另一种轴载作用了 N_2 次使路面达到了同样的破损状态,则这两种轴载的作用次数 N_1 和 N_2 被称作是等效的。第二,对于同一交通组合,通过等效换算后,则不论按哪种轴载进行路面厚度计算,得到的效果应基本相同。我国现行规范规定,当量轴次是按弯沉等效或拉应力等效的原则,将不同车型、不同轴载作用次数换算为与标准轴载 100kN 相当的轴载作用次数。

当以路表设计弯沉值和沥青层层底拉应力为设计指标时，各级轴载 P_i 的作用次数 n_i 均应按式(4-1)换算成标准轴载 P 的当量作用次数 n：

$$n = C_1 C_2 n_i \left(\frac{P_i}{P}\right)^{4.35} \tag{4-1}$$

式中：n——标准轴载的当量轴次，次/d；

n_i——被换算车型的各级轴载作用次数，次/d；

P——标准轴载，kN；

P_i——被换算车型的各级轴载，kN；

C_1——被换算车型的轴数系数，当轴间距大于 3m 时，应按单独一个轴计算，此时轴数系数为 m；当轴间距小于 3m 时，按双轴或多轴计算，轴组系数 $C_1 = 1 + 1.2(m-1)$，m 为轴数。

C_2——被换算车型的轴数系数，双轮组为 1；单轮组为 6.4；四轮组为 0.38。

当以半刚性材料层的拉应力为设计指标时，各级轴载按式(4-2)进行换算：

$$n' = C_1' C_2' n_i \left(\frac{P_i}{P}\right)^{8} \tag{4-2}$$

式中：C_1'——被换算车型的轴数系数，当轴间距小于 3m 时，双轴或多轴取 $C_1' = 1 + 2(m-1)$；

C_2'——被换算车型的轴数系数，双轮组为 1.0，单轮组为 18.5，四轮组为 0.09。

上述轴载换算公式适用于单轴重小于或等于 130kN 的各种车型的轴载换算。当轴重大于 130kN 时，可按现行国家标准《厂矿道路设计规范》有关规定进行轴载换算。在具体进行轴次换算时，上面公式中各种主要汽车计算参数可参考表 2-1。

三、累计当量轴次计算

前面所讲的是将某一轴载换算为标准轴载的计算公式。道路上所有符合规定轴重的各级轴载的作用次数全部换算成标准轴载的当量作用次数，则可用下式计算：

$$N_1 = \sum_{i=1}^{k} C_1 C_2 n_i \left(\frac{P_i}{P}\right)^{4.35} \text{或} N_1' = \sum_{i=1}^{k} C_1' C_2' n_i \left(\frac{P_i}{P}\right)^{8} \tag{4-3}$$

式中：N_1——路面竣工后第一年整个道路断面上的日平均当量轴次，次/日；

其余符号意义同前。

在沥青路面设计中，不仅要考虑使用初期日当量轴次，而且要考虑远景交通量(即使用年限末期交通量)的推算与换算问题。如知道了使用年限末期的日当量轴次，也能计算出路面设计年限(为计算累计当量轴次所取用的基准时间)内，累计承担了多少次标准轴载的反复作用。

路面使用年限末期的远景交通量是由有关部门根据国民经济发展规划给定的，或根据交通部门的调查统计资料进预测和推算而得。根据我国有关交通量的调查统计资料表明，交通量的增长基本上符合几何级数的递增规律，即：

$$N_t = N_1 (1 + \gamma)^{t-1} \tag{4-4}$$

式中：N_t——设计年限末年的日平均当量轴次，次/d；

N_1——第一年的日平均当量轴次，次/d；

t——设计年限，年；

γ——设计年限内交通量的平均年增长率，%，根据调查预测分析确定。

设计年限内一个车道上的累计当量轴次按公式(4-5)或(4-6)计算：

$$N_e = \frac{[(1+\gamma)^t - 1] \times 365}{\gamma} N_1 \eta \tag{4-5}$$

或

$$N_e = \frac{[(1+\gamma)^t - 1] \times 365}{\gamma(1+\gamma)^{t-1}} N_t \eta \tag{4-6}$$

式中：N_e——设计年限内一个车道上的累计当量轴次，次；

η——车道系数，应根据调查分析结果或参照表 4-2 确定，公路无分隔时，路面窄宜选高值，路面宽宜选低值；

其余符号意义同前。

车 道 系 数

表 4-2

车道特征	双向单车道	双向两车道	双向四车道	双向六车道	双向八车道
车道系数 η	1.0	0.6~0.7	0.4~0.5	0.3~0.4	0.25~0.35

注：①公路无分隔时，车道窄宜选高值，车道宽宜选低值。

例 4-1　某一级公路，竣工后第一年双向平均日交通量见表 4-3，交通量年平均增长率 γ 为 7.5%，路面设计年限 t = 15 年，求计算设计弯沉值时的累计当量轴次 N_e。

解：(1)求各类车型的轴载换算系数

查表 2-1 或《公路沥青路面设计规范》(JTG D50—2006)附表，给出各车型的汽车设计参数，填入表 4-3 内。

汽车参数及轴次换算表

表 4-3

车　型	交通量(辆/d)	后轴重(kN)	后轴换算系数	后　轴轴　数	前轴换算系数	车辆(总)换算系数	当量轴次(次/d)
解放 CA—10B	3000	60	0.108	1	—	0.108	324
黄河 JN—150	300	101.6	1.071	1	0.287	1.358	407
跃进 NJ—230	2000	30.4	0.005	1	—	0.005	10
交通 SH—141	1000	55.2	0.075	1	0.017	0.092	92
太脱拉 138	100	80	0.833	2	0.353	1.186	119
北京 BJ130	200	27.2	0.003	1	—	0.003	0.6
日野 KB222	200	104.3	1.201	1	0.319	1.520	304
						Σ	1257

注：轴载小于 25kN 的可不予计算。

$$\text{轴载换算系数} = C_1 C_2 \left(\frac{P_i}{P}\right)^{4.35}$$

(2)当量轴次 = 交通量 × 轴载换算系数

(3)日当量轴次总和为 N_1 = 1 257 次/d

(4)求累计当量轴次 N_e

一级公路四车道，取 $\eta = 0.4$，则：

$$N_e = \frac{[(1+\gamma)^t - 1] \times 365 N_1}{\gamma} \cdot \eta$$

$$= \frac{[1+0.075)^{15} - 1] \times 365}{0.075} \times 1\,257 \times 0.4$$

$$= 4\,793\,295 \text{ 次}$$

四、交 通 等 级

目前公路沥青路面厚度计算中采用设计年限内一个车道上的累计当量标准轴次作为设计荷载的依据。但是,累计当量标准轴次不能反映交通量的组成情况,也不能反映车辆荷载对路面产生车辙、平整度、耐磨抗滑等性能指标的直接影响,难以用累计当量标准轴次建立相关关系。对原材料的技术指标要求,以及在混合料设计、结构设计等方面,一般与公路等级有关,公路等级越高,技术指标要求越高。从有关调查资料分析得知,同一公路等级的交通量及组成却大不相同。因此,应当根据国内交通的实际情况,在考虑公路等级的同时,也考虑交通量等级的影响。

现行的《公路沥青路面设计规范》(JTG D50—2006)中根据一个车道累计当量轴次或每车道、每日平均大型客车及中型以上的各种货车交通量大小,将交通等级划分为轻交通、中等交通、重交通和特重交通四个等级,见表 4-4。当用两种方法划分的交通等级不相同时,选择一个较高的交通等级作为设计交通等级。

交 通 分 级 表 4-4

交通等级	BZZ-100 累计当量轴次 N_e(次/车道)	大型客车及中型以上的各种货车交通量 (辆/d·车道)
轻	$< 3 \times 10^6$	< 600
中等交通	$3 \times 10^6 \sim 1.2 \times 10^7$	600 ~ 1500
重交通	$1.2 \times 10^7 \sim 2.5 \times 10^7$	1500 ~ 3000
特重交通	$> 2.5 \times 10^7$	> 3000

第三节 沥青路面设计指标

一、路面结构的破坏模式与设计标准

路面的结构性能随行车荷载的反复作用及环境条件的变化而逐渐变坏,甚至丧失工作能力,所以,路面设计的具体目标是控制和限制路面结构性能在预定的使用年限内不恶化到某一程度。为此,需要分析路面破坏的模式和产生的原因,并据此提出相应的设计指标来控制。

虽然沥青路面的破损现象形态各异,错综复杂,但都是行车和自然因素对路面作用的结果,并随着路面工作特性和外界因素的影响程度的不同而变化。根据损坏现象的原因、危害性及对路面使用性能的影响,沥青路面的损坏可分为以下几种主要模式。

1.沉陷

沉陷是路面在车轮荷载作用下,其表面产生的较大凹陷变形,有时凹陷两侧伴有隆起现象,如图 4-2 所示。引起沉陷的主要原因是路基水文条件很差且过于湿软,不能承受通过路面传给路基的荷载应力,便产生较大的竖向变形,并导致路面产生沉陷。

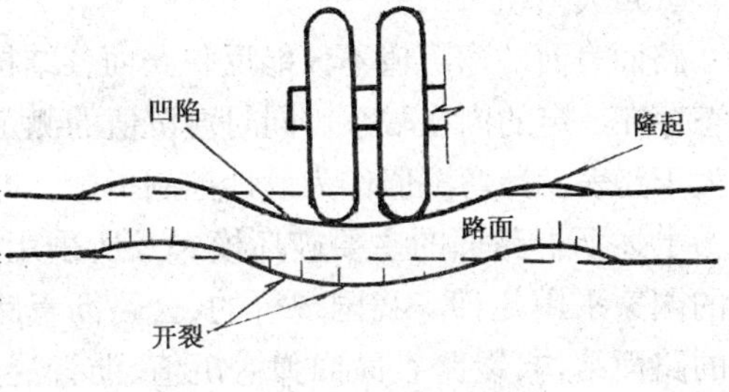

图 4-2 沉陷与隆起

2.车辙

车辙是路面在车轮荷载重复作用下,沿行车轮迹产生的纵向带状凹陷,也常伴有以纵向为主的裂缝。

出现车辙的主要原因是在行车荷载的多次重复作用下，路基和路面各层永久变形的逐步积累。车辙是高级沥青路面的主要破坏形式之一。因为这类路面的使用寿命较长，即使每次行车荷载作用产生的残余变形量很小，而多次重复作用累积起来的残余变形总和也将会很大，足以影响车辆的正常行驶。

路面的车辙同荷载应力大小，重复作用次数以及结构层和土基的性质有关。路面的车辙以控制车辙深度作为其指标，可表示为：路面计算的总残余变形 $L_{re}\leqslant$ 容许总残余变形 $[L_{re}]$。

3.疲劳开裂

开裂是沥青路面常见的破损类型之一。开裂的种类和原因有多种，这里所说的开裂是指路表无显著永久变形而出现的裂缝现象。疲劳开裂的特点是首先出现较短的纵向开裂，继而逐渐发展为网状开裂，开裂面积不断扩大。

发生疲劳开裂的主要原因是：在车轮荷载反复作用下，沥青结构层底面产生的拉应力（或拉应变）超过材料的疲劳强度，底面便发生开裂，并逐渐扩展延伸到表面。

以疲劳开裂作为设计标准时，用结构层底面产生的弯拉应力不超过相应的容许弯拉应力控制设计，即：结构层底拉应力 $\sigma_m\leqslant$ 容许拉应力 σ_R。

4.推移

推移是沥青路面材料沿行车方向发生剪切或拉裂破损而出现推挤或拥起现象，如图 4-3 所示。

造成推移的主要原因是：当沥青路面受到较大的水平荷载作用时（在车辆经常启动、制动的路段及弯道、坡度变化处等），车辆荷载引起的竖向力和水平力的综合作用使结构层内的剪应力或拉应力超过材料的抗剪或抗拉强度。

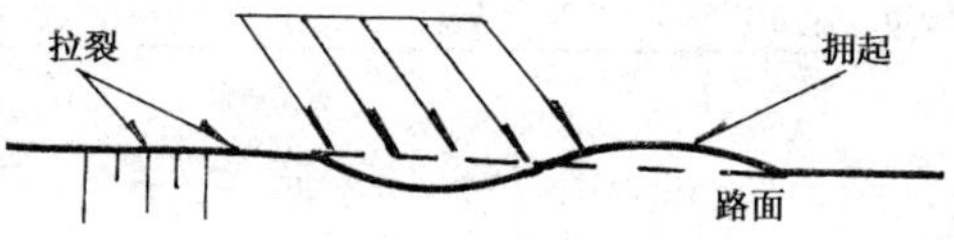

图 4-3　推移与拥起

为防止沥青表层产生推移和拥起，可用面层抗剪强度进行设计，即面层中可能产生的最大剪应力 τ_{max} 应不超过材料的容许剪应力 τ_R，即 $\tau_{max}\leqslant\tau_R$。

5.低温缩裂

路面的某些整体性结构层在低温时由于材料收缩受限制而产生较大的拉应力，当它超过材料相应条件下的抗拉强度时便产生开裂。

低温缩裂是一项与荷载无关的设计指标，即低温时结构层材料因收缩受约束而产生的温度应力 σ_{tr}，应不大于该温度时材料的容许拉应力 σ_R，即：$\sigma_{tr}\leqslant\sigma_R$。

6.路表弯沉

路面表面的弯沉值不仅能反映路面各结构层及土基的整体强度和刚度，而且与路面的使用状态存在一定的内在联系。同时弯沉值的测定也很方便，因此，许多国家都采用路表实测弯沉值不大于路表设计弯沉值作为设计控制指标。即：路表实际弯沉值 $L_s\leqslant$ 路表设计弯沉值 L_d。

上述沥青路面的主要破坏模式及所采用的设计指标，有的国家采用这些指标中的一种，也有的国家采用几种。我国现行的《公路沥青路面设计规范》规定：高速公路、一级公路、二级公路的路面结构，以路表面回弹弯沉值、沥青混凝土层的层底拉应力和半刚性材料层的层底拉应力为设计指标。三级公路、四级公路的路面结构以路表面设计弯沉值为设计指标。有条件时，对重载交通路面宜检验沥青混合料的抗剪切强度。城市道路路面设计除了这两项控制指标外，还要进行沥青混合料面层的剪应力验算。

二、路面设计弯沉值

所谓路面表面弯沉，是指在车轮荷载作用下路面产生的垂直位移(也称垂直变形)。由于路面材料不完全是弹性的，所以在车轮荷载作用下，路面的弯沉分为总弯沉、弹性弯沉和残余弯沉。对于一个固定的测点而言，当它受到车轮荷载的作用时，就要向下沉落，在加荷过程中观测的变形值就是总弯沉；当车轮荷载卸除后，路面就向上回弹，在卸荷过程中观测到的变形值就是弹性(回弹)弯沉；总弯沉与弹性弯沉之差，就是残余弯沉，如图4-4所示。

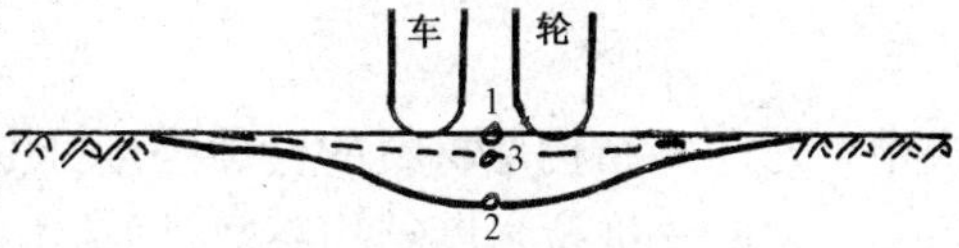

图4-4　路面的总弯沉与回弹弯沉

1-测点；2-加载时；3-卸载时

对于强度较高或使用多年而处于稳定状态的老路面，其残余弯沉仅为总弯沉的10%左右，因此可采用路面回弹弯沉来表征路面的刚度。

路面回弹弯沉值可用杠杆式弯沉仪由标准汽车按前进卸荷法进行测定。弯沉值的大小反映了路面的强弱，在相同车轮荷载下，路面弯沉值愈大，则路面抵抗垂直变形的能力愈弱，反之则强。实践表明，在达到相同程度的损坏时，回弹弯沉大小同该路面的使用寿命即车轮荷载累计重复作用次数有密切的关系。通过大量的试验研究和数学分析，能够找到路面达到某种损坏状态时的重复荷载作用次数与此时路表弯沉值之间的关系，由此可确定路面的设计弯沉值。

所谓路面设计弯沉值是指根据设计年限内一个车道上预测通过的累计当量轴次、公路等级、路面结构而确定的路表弯沉设计值。

路面设计弯沉值是表征路面整体刚度大小的指标，是路面厚度计算的主要依据。路面设计弯沉值应根据公路等级、路面结构类型和设计年限内累计标准当量轴次按式(4-7)计算确定。

$$L_d = \frac{600}{N_e^{0.2}} A_c A_s A_b \tag{4-7}$$

式中：L_d——路面设计弯沉值，0.01mm；

A_c——公路等级系数，高速公路、一级公路为1.0，二级公路为1.1，三、四级公路为1.2；

A_s——面层类型系数，沥青混凝土面层为1.0，热拌沥青和冷拌沥青碎石、沥青贯入式(含上拌下贯式)路面，沥青表面处治为1.1；

A_b——路面结构类型系数，半刚性基层沥青路面时，$A_b = 1.0$；柔性基层沥青路面时，$A_b = 1.6$。

例4-2　同例4-1所给条件，路面面层拟采用沥青混凝土，基层为水泥砂砾厚20cm，求其设计弯沉值。

解：根据例4-1计算可知：累计当量轴次 $N_e = 4\ 793\ 295$ 次，公路等级系数 $A_c = 1.0$，面层类型系数 $A_s = 1.0$，基层结构类型系数 $A_b = 1.0$，则路面设计弯沉值 L_d 为：

$$L_d = \frac{600}{N_e^{0.2}} A_c A_s A_b$$

$$= \frac{600}{(4\ 793\ 295)^{0.2}} \times 1.0 \times 1.0 \times 1.0$$

$$= 27.67 \times 10^{-2} \text{mm}$$

三、结构层材料容许拉应力

沥青混凝土面层及半刚性基层、底基层，在行车荷载的多次重复作用下，由于疲劳现象而使其抗拉强度降低，从而在层底出现拉伸裂缝。为了防止沥青混凝土面层和半刚性材料基层、底基层的疲劳开裂，必须采用沥青混凝土和半刚性材料结构层底面的容许拉应力 σ_R 作为验算指标，结构层底面计算点的拉应力 σ_m 应小于或等于该层材料的容许拉应力 σ_R，即：$\sigma_m \leqslant \sigma_R$。

容许拉应力的确定与材料的极限抗弯拉强度有关（极限抗拉强度的大小通过试验确定），同时也与重复荷载次数有关，它是路面承受行车荷载反复作用达到临界破坏状态时的最大疲劳拉应力。容许拉应力按公式(4-8)计算确定。

$$\sigma_R = \frac{\sigma_{sp}}{K_s} \tag{4-8}$$

式中：σ_{sp}——结构层材料的劈裂强度，MPa，由试验确定；

K_s——抗拉强度结构系数，同荷载的反复作用次数有关。

结构层材料的极限劈裂强度，对沥青混凝土系指 15℃时的极限劈裂强度；对水泥稳定类材料为龄期 90d 的极限劈裂强度；对石灰稳定类、二灰稳定类材料，系指 180d 龄期的极限劈裂强度。

需要指出的是，沥青贯入式作基层或面层时，因空隙大，整体性较差，几乎不承受拉应力。粗粒式或中粒式沥青碎石的抗弯拉强度试验往往偏低，因此，规范规定：仅对沥青混凝土面层结构进行抗拉应力的验算，对沥青碎石、沥青贯入式、沥青表面处治均不进行验算。

表征结构层材料抗拉强度因疲劳而降低的抗拉强度结构系数 K_s，可根据疲劳方程计算。

对于沥青混凝土面层：$$K_s = 0.09N_e^{0.22}/A_c \tag{4-9}$$

对于无机结合料稳定集料类：$$K_s = 0.35N_e^{0.11}/A_c \tag{4-10}$$

对于无机结合料稳定细粒土类：$$K_s = 0.45N_e^{0.11}/A_c \tag{4-11}$$

例 4-3 某一级公路，已知路面结构层容许拉应力计算时均采用累计当量轴次 $N_e = 150 \times 10^5$ 次，面层采用中粒式沥青混凝土，基层采用二灰土。试求这两个层次的容许拉应力 σ_R。

解：(1)计算沥青混凝土面层的容许拉应力 σ_R

试验测得沥青混凝土的劈裂强度为 $\sigma_{sp} = 1.5$MPa，公路等级系数 $A_c = 1.0$，抗拉强度结构系数为：

$$K_s = \frac{0.09}{A_c}N_e^{0.22} = \frac{0.09}{1.0} \times (150 \times 10^5)^{0.22} = 3.41$$

$$\sigma_R = \frac{\sigma_{sp}}{K_s} = \frac{1.5}{3.41} = 0.44(\text{MPa})$$

(2)计算二灰土基层的容许拉应力（N_e 应另行计算，此处从简）

试验测得二灰土的劈裂强度为 $\sigma_{sp} = 0.5$MPa，其抗拉强度结构系数为：

$$K_s = \frac{0.45}{A_c}N_e^{0.11} = \frac{0.45}{1.0} \times (150 \times 10^5)^{0.11} = 2.77$$

$$\sigma_R = \frac{\sigma_{sp}}{K_s} = \frac{0.5}{2.77} = 0.18(\text{MPa})$$

第四节　土基与路面材料强度指标

一、路基受力与工作区

1.路基受力状况

一般情况下，路基承受两种荷载，一种是路面和路基自重引起的静力荷载；另一种是车轮荷载引起的动力荷载。在两种荷载的共同作用下,使路基土处于受力状态。理想的设计应使路基受力时只产生弹性变形,而车轮驶过以后恢复原状,以确保路基的相对稳定,不致引起路面破坏。

当车轮荷载为圆形均布荷载时,圆形均布荷载中心下土基的垂直压应力可用式(4-12)近似计算:

$$\sigma_1 = \frac{p}{1 + 2.5\left(\frac{Z}{D}\right)^2} \tag{4-12}$$

式中:p——车轮的单位压力,kPa;

D——圆形均布荷载作用面积的直径,m;

Z——应力作用深度,m。

自重引起土基中的压应力,考虑到在一定深度以下,同路基自重相比较,路面重力的影响不大,所以在研究荷载作用最大深度时,为简化计算,近似地将路面材料相当于土基材料,则土基材料自重引起的压应力可用式(4-13)计算:

$$\sigma_2 = \gamma Z \tag{4-13}$$

式中:γ——土基材料的重度,kN/m^3;

Z——应力作用深度,m。

2.路基工作区

由式(4-12)、式(4-13)可知,车轮荷载引起的应力 σ_1 随着深度增加而减小(曲线变化),自重引起的应力 σ_2 则随着深度增加而增大(直线变化)。

在某一深度 Z_a 处,车轮荷载所产生的应力仅为自重应力的 1/5 ~ 1/10,在此深度 Z_a 以下,车轮荷载对土基强度和稳定性影响甚小,故可略去不计。

由

$$\frac{p}{1 + 2.5\left(\frac{Z_a}{D}\right)^2} = \left(\frac{1}{5} \sim \frac{1}{10}\right)\gamma \cdot Z_a$$

则可得出车轮荷载所引起的有效应力分布深度 Z_a。经受车轮荷载作用影响较大的土基范围称为路基工作区,Z_a 称为路基工作深度。不同类型的车轮荷载的路基工作区深度相差很大,设计时应予注意。实践证明,路面底面以下 0.8m 范围内的路基部分是路基工作区的主要组成部分。路面底面以下 0.8m 范围的路基部分称为路床。在结构上分为上路床(0 ~ 0.3m)及下路床(0.3 ~ 0.8m)。

路基工作区内,土基的强度与稳定性对于保证路面的强度与稳定性极为重要,应重点控制路基工作区内的土质、含水量与压实度等。

二、土基回弹模量的确定

土基的强度可用若干指标来表示(如抗剪强度、CBR 值、回弹模量等)。我国公路沥青路面设计是以路表设计弯沉值作为路面整体强度的控制指标,由于回弹模量能较好地反映土基所具有的部分弹性性质,因此采用土基回弹模量 E_0 来表示土基的强度。

土基回弹模量是指土基在荷载作用下产生的应力与其相应的回弹应变的比值。新建公路初步设计时,土基回弹模量值应根据查表法、室内试验法、换算法等,经综合分析、论证,确定沿线不同路基状况的土基回弹模量设计值。当路基建成后,应在不利季节实测各路段土基回弹模量代表值以检验是否符合设计值的要求,如达不到要求应采取措施加以处理。对于原有路基的回弹模量应采用实测法确定。

1.查表法

(1)根据土质、气候条件按当地经验或参考表 2-6、表 2-7 确定路基的临界高度(H_1、H_2、H_3),从而判断各路段土基的干湿类型。

(2)利用表 2-3、表 2-4 论证得到各路段土的平均稠度 w_c 值。

(3)根据土类和自然区划以及拟定的路基土的平均稠度,参考表 4-5 预测土基回弹模量值。当采用重型击实标准时,土基回弹模量值可较表列数值提高 20% ~ 35%。

2.现场实测法

1)大型承载板法

在已成路基上,在不利季节按照《公路路基路面现场测试规程》(JTJ 059—95)规定,用大型承载板测定土基 0 ~ 0.5mm(路基软弱时测至 1mm)的变形压力曲线,按式(4-14)计算 E_0:

$$E_0 = 1\,000 \cdot \frac{\pi D}{4} \cdot \frac{\sum p_i}{\sum L_i}(1 - \mu_0^2) \tag{4-14}$$

式中:E_0——土基回弹模量,MPa;

D——承载板直径,30cm;

μ_0——土的泊松比,取 0.35;

p_i、L_i——各级压强(MPa)与其相应的回弹变形值(0.01mm)。

2)轮隙弯沉法

在已成路基上,在不利季节用弯沉仪测定土基在标准汽车(后轴重为 100kN)作用下轮隙中心的回弹弯沉值,用式(4-15)计算土基回弹模量值 E_{01};

$$E_{01} = 1\,000 \cdot \frac{2p\delta}{l_0}(1 - \mu_0^2)\alpha_0 \tag{4-15}$$

式中:p、δ——测定车单轮轮胎接地压强与当量圆半径,cm;

l_0——轮隙中心处的回弹弯沉,0.01mm;

α_0——均匀体弯沉系数,取 0.712。

二级自然区划各土组土基回弹模量参考值(MPa) 表 4-5

区划	稠度 ω_c / 土组	0.80	0.90	1.00	1.05	1.10	1.15	1.20	1.30	1.40	1.70	2.00
II_1	黏质土	19.0	22.0	25.0	26.5	28.0	29.5	31.0				
	粉质土	18.5	22.5	27.0	29.0	31.5	33.5					
II_2	黏质土	19.5	22.5	26.0	28.0	29.5	31.5	33.5				
	粉质土	20.0	24.5	29.0	31.5	34.0	36.5					
II_{2a}	粉质土	19.0	22.5	26.0	27.5	29.5	31.0					
II_3	土质砂	21.0	23.5	26.0	27.5	29.0	30.0	31.5	34.5	37.0	45.5	
	黏质土	23.5	27.5	32.0	34.5	36.5	39.0	41.5				
	粉质土	22.5	27.0	32.0	34.5	37.0	40.0					
II_4	黏质土	23.5	30.0	35.5	39.0	42.0	45.5	50.5	57.0	65.0		
	粉质土	24.5	31.5	39.0	43.0	47.0	51.5	56.0	66.0			

续上表

区划	稠度 ω_c / 土组	0.80	0.90	1.00	1.05	1.10	1.15	1.20	1.30	1.40	1.70	2.00
II_5	土质砂	29.0	32.5	36.0	37.5	39.0	41.0	42.5	46.0	49.5	59.0	69.0
	黏质土	26.5	32.0	38.5	41.5	45.0	48.5	52.0				
	粉质土	27.0	34.5	42.5	46.5	51.0	56.0					
II_{5a}	粉质土	33.5	37.5	42.5	44.5	46.5	49.0					
III_1	粉质土	27.0	36.5	48.0	54.0	61.0	68.5	76.5				
III_2	土质砂	35.0	38.0	41.5	43.0	44.5	46.0	47.5	50.5	53.5	62.0	70.0
	黏质土	27.0	31.5	36.5	39.0	41.5	44.0	46.5	52.0	57.5		
	粉质土	27.0	32.5	38.5	42.0	45.0	48.5	51.5	59.0			
III_{2a}	土质砂	37.0	40.0	43.0	44.5	46.0	47.5	49.0	52.0	54.5	62.5	70.0
III_3	土质砂	36.0	39.0	42.5	44.0	45.5	47.0	48.5	51.5	54.5	63.0	71.0
	黏质土	26.0	30.0	34.5	36.5	38.5	41.0	46.0	47.5	52.0		
	粉质土	26.5	32.0	37.0	40.0	43.0	46.0	49.0	55.0			
III_4	粉质土	25.0	34.0	45.0	51.5	58.5	66.0	74.0				
IV_1	黏质土	21.5	25.5	30.0	32.5	35.0	37.5	40.5				
IV_{1a}	粉质土	22.0	26.5	32.0	35.0	37.5	40.5					
IV_2	黏质土	19.5	23.0	27.0	29.0	31.0	33.0	35.0				
	粉质土	31.0	36.5	42.5	45.5	48.5	51.5					
IV_3	黏质土	24.0	28.0	32.5	35.0	37.5	39.5	42.0				
	粉质土	24.0	29.5	36.0	39.0	42.5	46.0					
IV_4	土质砂	28.0	30.5	33.5	35.0	36.5	38.0	39.5	42.0	45.0	53.0	61.0
	黏质土	25.0	29.5	34.0	36.5	38.5	41.0	43.5				
	粉质土	23.0	28.0	33.5	36.0	39.0	42.0					
IV_5	土质砂	24.0	26.0	28.0	29.0	30.0	30.5	31.5	33.5	35.0	40.0	44.5
	黏质土	22.0	27.0	32.5	33.5	38.5	41.5	44.5				皖、浙
	黏质土	28.5	34.0	39.5	42.5	45.5	48.5	51.5				江西
	粉质土	26.5	31.0	36.5	39.0	42.0	45.0					
IV_6	土质砂	33.5	37.0	41.0	43.0	44.5	46.5	48.5	52.0	55.5	66.5	77.0
	黏质土	27.5	33.0	38.0	41.0	44.0	46.5	50.5				
	粉质土	26.5	31.5	36.5	39.0	42.0	45.0					
IV_{6a}	土质砂	31.5	35.0	38.5	40.0	42.0	43.5	45.0	48.5	52.0	62.0	72.0
	黏质土	26.0	31.0	35.5	38.0	40.5	43.5	46.0				
	粉质土	28.0	34.5	41.0	44.5	48.5	52.0					

续上表

区划	稠度 ω_c / 土组	0.80	0.90	1.00	1.05	1.10	1.15	1.20	1.30	1.40	1.70	2.00
IV_7	土质砂	35.0	39.0	43.0	45.0	47.0	49.0	51.0	55.0	59.0	70.5	82.0
	黏质土	24.5	29.5	34.5	37.0	40.0	42.5	44.5				
	粉质土	27.5	33.5	40.0	43.5	47.5	51.0					
V_7	土质砂	27.5	31.5	35.5	37.5	39.5	41.5	43.5	58.0	52.0	65.0	78.5
	黏质土	27.0	32.0	37.0	39.0	42.5	45.5	48.0	54.0	60.0		
	粉质土	28.5	34.0	40.0	43.0	46.0	49.5	52.5	59.5			
V_1 V_2 V_{2a}	紫色黏质土	22.5	26.0	30.0	32.0	34.0	36.0	38.0				
	紫色粉质土	22.5	27.5	33.5	36.5	40.0	43.0					
	黄壤黏质土	25.0	29.0	33.0	35.5	37.5	40.0	42.0				
	黄壤粉质土	24.5	30.5	37.5	41.0	45.0	49.0					
V_3	黏质土	25.0	29.0	33.0	35.5	37.5	39.5	42.0				
	粉质土	24.5	30.5	37.5	41.0	45.0	48.5					
V_4（四川）	红壤黏质土	27.0	32.0	38.0	41.0	44.0	47.0	50.5				
	红壤粉质土	22.0	27.0	32.5	35.5	38.5	41.5					
VI	土质砂	51.0	54.0	57.0	58.5	60.0	61.0	62.0	64.5	67.0	73.5	80.0
	黏质土	33.5	37.0	41.0	42.5	44.0	45.5	47.2	50.5			
	粉质土	34.0	38.0	42.0	44.0	46.0	48.0	50.0				
VI_{1a}	土质砂	52.5	55.0	58.0	59.0	60.5	61.5	62.5	65.0	67.0	73.0	79.0
	黏质土	27.0	31.0	34.5	36.0	38.0	40.0	42.0	45.5			
	粉质土	31.5	36.5	41.5	44.0	46.5	49.0	51.5				
VI_2	土质砂	42.0	45.5	49.0	50.5	52.0	53.5	55.5	58.5	61.5	69.0	78.0
	黏质土	27.0	30.5	33.5	35.0	37.0	38.0	40.0	43.0	46.5		
	粉质土	25.5	30.5	35.5	38.0	41.0	43.5	46.0	52.0			
VI_3	土质砂	46.0	50.0	53.5	55.0	56.5	58.5	60.0	63.0	66.0	75.0	83.0
	黏质土	29.5	33.5	37.5	39.5	44.0	44.0	46.8	50.0			
	粉质土	29.5	35.0	41.0	43.5	49.5	49.5	52.5				
VI_4	土质砂	51.0	53.5	56.5	57.5	59.0	60.0	61.0	63.5	65.5	72.0	77.5
	黏质土	28.5	32.0	36.0	37.5	39.5	41.5	43.5	47.5			
	粉质土	30.5	34.5	39.5	41.0	43.5	45.5	48.0				

续上表

区划	土组 \ 稠度 ω_c	0.80	0.90	1.00	1.05	1.10	1.15	1.20	1.30	1.40	1.70	2.00
VI_{4a}	土质砂	45.5	49.0	52.5	54.0	56.0	57.5	59.0	62.0	65.0	73.5	81.5
	黏质土	31.0	34.5	38.0	40.0	42.0	44.0	45.5	49.5			
	粉质土	33.0	38.5	44.0	47.0	50.0	52.0	56.0				
VI_{4b}	土质砂	49.5	52.5	55.5	57.5	58.5	59.5	61.0	63.5	65.5	72.5	78.5
	黏质土	30.0	33.0	36.5	38.0	39.5	41.0	42.5	45.5			
	粉质土	31.0	35.5	40.5	43.0	45.5	48.5	51.0				
VII_1	土质砂	52.0	55.0	58.0	59.5	61.0	62.0	63.5	66.0	69.0	76.0	82.5
	黏质土	26.5	31.5	36.5	39.5	42.0	45.0	48.0	54.0			
	粉质土	30.5	37.0	44.0	47.5	51.5	59.0					
VII_2	土质砂	48.0	51.0	54.0	55.0	56.5	58.0	59.0	61.5	64.0	71.0	77.0
	黏质土	25.5	29.5	33.0	35.0	37.0	39.0	41.5	45.5			
	粉质土	28.0	33.5	39.0	42.0	45.0	48.5	51.5				
VII_3	土质砂	42.5	45.5	49.0	50.5	52.5	53.5	55.0	58.0	60.5	68.5	76.5
	黏质土	20.5	24.5	28.5	30.5	32.5	35.0	37.0	41.5			
	粉质土	23.5	28.0	33.0	36.0	38.5	41.0	44.0				
VII_4	土质砂	47.0	50.0	53.0	54.5	56.0	57.0	58.5	61.0	63.5	70.5	77.0
VII_{6a}	黏质土	22.0	25.5	29.0	30.5	32.5	34.5	36.0	40.0			
	粉质土	27.5	32.5	37.5	40.5	43.0	46.0	46.0	49.0			
VII_5	土质砂	45.5	49.0	52.0	53.0	54.5	56.0	57.5	60.0	62.5	70.0	76.5
	黏质土	30.0	33.0	37.5	39.5	41.5	43.5	45.0	49.0			
	粉质土	32.5	38.0	43.5	46.0	49.0	51.5	54.5				

当在非不利季节实测土基回弹模量时，应考虑季节影响系数，其值可根据本地经验选用。

某路段土基回弹模量设计值应按数理统计的方法计算得到。

3.室内试验法

选择土料场，取土样，按重型击实标准确定的最佳含水量制备三组土样试件(每组三个试件)，用小承载板法的试验步骤测得不同压实度与其相对应的回弹模量值，绘成压实度一回弹模量曲线；查图求得标准压实条件下土的回弹模量值。土基回弹模量的设计值，应考虑不利季节不利年份的影响，宜乘以0.7～0.9的折减系数。

三、路面材料设计参数

我国现行的沥青路面设计规范中各层材料的抗压强度均采用抗压回弹模量表示，对于沥青混凝土和半刚性材料的抗拉强度采用劈裂试验测得劈裂强度表示。

(1)半刚性材料的抗压回弹模量,按《公路工程无机结合料稳定材料试验规程》(JTJ 057—94)中规定的顶面法测定。沥青混合料的抗压回弹模量测试方法可参照 T 0801—94 或按《公路工程沥青及沥青混合料试验规程》(JTJ 052—2000)增补规定的方法进行(试验温度为 20℃和 15℃,不浸水)。

(2)沥青混合料的劈裂强度按《公路工程沥青及沥青混合料试验规程》(JTJ 052—2000)中规定进行,试验温度为 15℃。半刚性材料的劈裂强度按《公路工程无机结合料稳定材料试验规程》(JTJ 057—94)中有加载压条的方法进行。

(3)以路表弯沉值为设计或验算指标时,沥青混合料抗压回弹模量的试验温度为 20℃;以沥青层或半刚性材料结构层层底拉应力为设计或验算指标时,沥青混合料抗压回弹模量的试验温度为 15℃。

在工程可行性研究或二级、三级公路的初步设计阶段,可参考表 4-6、表 4-7,论证地选用各种材料回弹模量及抗拉强度。

沥青混合料强度设计参数 表 4-6

材料名称		抗压模量 E(MPa)		15℃劈裂强度(MPa)	备注
		20℃	15℃		
细粒式沥青混凝土	密级配	1200~1600	1800~2200	1.2~1.6	AC-10、AC-13
	开级配	700~1000	1000~1400	0.6~1.0	OGFC
沥青玛蹄脂碎石		1200~1600	1600~2000	1.4~1.9	SMA
中粒式沥青混凝土		1000~1400	1600~2000	0.8~1.2	AC-16、AC-20
密级配粗粒式沥青混凝土		800~1200	1000~1400	0.6~1.0	AC-25
沥青碎石基层	密级配	1000~1400	1200~1600	0.6~1.0	ATB-25、ATB-35
	半开级配	600~800	—	—	AM-25、AM-40
沥青贯入式		400~600	—	—	—

基层、底基层材料强度设计参数 表 4-7

材料名称	配合比或规格要求	抗压模量 E(MPa)(弯沉计算用)	抗压模量 E(MPa)(拉应力计算用)	劈裂强度 σ(MPa)
二灰砂砾	7:13:80	1100~1500	3000~4200	0.6~0.8
二灰碎石	8:12:80	1300~1700	3000~4200	0.5~0.8
水泥砂砾	4%~6%	1100~1500	3000~4200	0.4~0.6
水泥碎石	4%~6%	1300~1700	3000~4200	0.4~0.6
石灰水泥粉煤灰砂砾	6:3:16:75	1200~1600	2700~3700	0.4~0.55
水泥粉煤灰碎石	4:16:80	1300~1700	2400~3000	0.4~0.55

续上表

材料名称	配合比或规格要求	抗压模量 E(MPa)(弯沉计算用)	抗压模量 E(MPa)(拉应力计算用)	劈裂强度 σ(MPa)
石灰土碎石	粒料占60%以上	700~1100	1600~2400	0.3~0.4
碎石灰土	粒料占40%~50%以上	600~900	1200~1800	0.25~0.35
水泥石灰砂砾土	4:3:25:68	800~1200	1500~2200	0.3~0.4
二灰土	10:30:60	600~900	2000~2800	0.2~0.3
石灰土	8%~12%	400~700	1200~1800	0.2~0.25
石灰土处理路基	4%~7%	200~350	—	—
级配碎石	基层连续级配型	300~350	—	—
	基层骨架密实型	300~350	—	—
	底基层、垫层	200~250	—	—
填隙碎石	底基层	200~280	—	—
未筛分碎石	底基层	180~220	—	—
级配砂砾、天然砂砾	底基层	150~200	—	
中、粗砂	垫层	80~100	—	—

第五节　沥青路面结构设计

沥青路面的设计工作可分为结构设计与厚度计算两大部分。只有路面结构设计工作获得正确的成果，在此基础上进行厚度计算才是有意义的，所以结构设计是路面设计工作的关键。

路面结构设计包括各分层的结构设计和结构层的组合设计。

一、沥青路面结构设计的一般原则

在沥青路面结构设计工作中,应该遵循下述的技术经济原则:

1.因地制宜,合理选材

路面各结构层所用的材料,尤其是用量大的基、垫层材料,应充分利用当地的天然材料、加工材料或工业副产品,以减少运输费用和降低工程造价。同时还要注意吸取和应用当地路面设计选材的成功经验。

2.方便施工,利于养护

选择各结构层时还应考虑机具设备和施工条件,在可能的条件下,应尽量采用机械化施工。此外,还应考虑建成通车后的养护问题。特别是高等级公路,要求平时养护工作量越少越好,以免影响大交通量的通行。

3.分期修建，逐步提高

交通量是确定路面等级和路面类型的最主要的因素之一，而交通量是随时间而逐步增长的。当资金不足时，一般应按近期使用要求进行路面设计，以先满足近期需要为主。以后随着交通量的增长，车型的加重和投资的增多，逐步提高路面等级，增加路面厚度。但在建造时必须注意使前期工程能为后期工程奠定基础，即能为后期工程所充分利用。

4.整体考虑，综合设计

在路面结构设计时，应将土基、垫层、底基层、基层和面层看作是一个有机的整体。按照土基稳定、基层坚实、面层耐久的要求，充分发挥各结构层的作用，合理选用路面材料，确定恰当的结构层厚度，使路面的设计既能在整体上满足强度和稳定性的要求，又能做到经济、合理和耐久。

5.考虑气候因素和水温状况的影响

路面结构设计要保证在自然因素和车轮荷载反复作用下，路面整体结构具有足够的水稳定性、干稳定性、冰冻稳定性和高温稳定性，因此对自然气候和水温状况可能给予路面的影响要予以充分的重视。

二、沥青路面设计年限的确定及各结构层的选择

1.路面设计年限的确定

路面设计年限在一般情况下应与公路等级和交通量相适应，公路等级越高，则路面等级也越高。确定路面设计年限应以政治、经济、国防、旅游以及经济发展的需要和设计交通量为主要依据。此外，尚应考虑使用要求，材料供应，施工机械设备，地区特点，施工养护工作条件等多方面的因素。具体确定时可参考表4-8。

各级公路的沥青路面设计年限 表4-8

公路等级	高速公路、一级公路	二级公路	三级公路	四级公路
设计年限(年)	15	12	8	6

2.面层类型的选择

路面等级确定以后，要进行路面面层的选择。路面面层因直接承受行车和自然因素的反复作用，通常选用黏结力较强的结合料和强度高的集料作为面层材料。

在选择面层类型时，特别应考虑当地的气候特征。如在气候干旱地区，不宜采用砂砾路面，以免产生严重的搓板现象；在多雨地区，要特别重视路面结构层的水稳性和面层透水性问题；对沥青路面，还要考虑寒冷地区的低温抗裂性和高温地区的热稳性问题，同时还要考虑抗滑性能等问题。

3.基层类型的选择

常用的基层类型可分为有结合料稳定类（如沥青类、无机结合料稳定类）和无结合料的粒料类（嵌锁型、级配型）。沥青类基层包括热拌沥青碎石混合料、冷拌沥青碎石混合料和沥青贯入碎石等。沥青类、水泥和二灰稳定类适用于交通量繁重的公路，其他类型可适用于轻交通的道路。在选择基层时，要充分利用当地材料。

沥青类路面基层的水稳性问题要着重考虑，以土作为结合料的基层，水稳定性较差，不能用于潮湿路段和中湿路段，仅限用于干燥路段。

三、沥青路面结构组合设计

路基路面是一个整体结构,各结构层有各自的特性和作用,并相互制约和影响,如结构组合不合理,所用材料再好、厚度再大,也不能获得满意的效果。根据实践经验和理论分析,路面结构组合设计应考虑下列几个方面:

1.结构层的强度组合

就面层来讲,不仅要考虑高强、耐磨、热稳性好和不透水等性能,还应考虑设置层数。如交通量繁重的道路,面层应为二至三层,以抵抗水平力在面层底部产生的剪应力。采用空隙大的沥青碎石混合料或沥青贯入碎石作面层时,应在其上加设沥青砂或沥青表面处治作封层。

基层是主要承受垂直应力的承重层,它要有足够的抗压强度,一定的刚度和水稳定性。交通繁重时,基层应选择沥青类或水泥(或二灰)稳定类材料,并采用双层式基层,即加设底基层;若土基水温状况不良时,应设置石灰土或天然砂砾等垫层。

要使路面有足够的整体刚度,还应保证路基的稳定性。相关设计规范规定,土基回弹模量不小于30MPa,重交通、特重交通公路土基回弹模量应大于40MPa。否则,单纯依靠加强或增厚面层或基层,并不能收到良好的效果,同时也不经济。

车轮荷载的垂直力作用于路面表面,路面内部产生的竖向应力和应变随深度而递减;车轮荷载的水平力作用产生的应力、应变,随深度递减的速度更快。因而对各层材料的强度(模量)的要求,也可随深度而相应减小,在进行路面结构组合设计时,各结构层宜按强度自上而下递减的方式安排。这样既能充分发挥各结构层材料的效能,又能充分利用当地材料做底基层和基层,以降低路面工程造价。采用强度(模量)按深度递减的规律组合路面时,还应注意各相邻结构层之间的模量不能相差过大。上下两层模量相差过大时,上层底面将会因下层变形过大而产生较大的拉应变,导致上层被拉裂。根据分析和经验,对半刚性基层沥青路面的结构层组合设计,基层与沥青面层的模量比宜为1.5~3;基层与底基层的模量比不宜大于3;底基层(或基层)与土基的模量比宜为2.5~12.5。不能满足上述要求的应更换材料或增加结构层次。

2.结构层的层间结合

结构组合设计时,应采取以下的技术措施,加强路面结构各层之间的紧密结合,提高路面结构整体性,使各结构层之间不产生层间滑移。

(1)在沥青面层与半刚性基层或粒料基层之间应设置透层沥青;在半刚性基层上应设下封层,以防止雨水渗入基层。

(2)当沥青层由二层或三层组成时,若不能连续施工或在旧沥青面层及水泥混凝土面层上加铺沥青层时,均应在层间设粘层沥青。

(3)半刚性基层沥青路面应采取措施减少收缩开裂和反射裂缝。

3.水温状况的影响

水温状况对沥青路面的影响很大,对于季节性冰冻地区的中湿和潮湿路段,要考虑冻胀与翻浆的危害。路面结构除了要保证力学强度的要求外,其总厚度还要满足防冻厚度的要求,以免在路基内出现较厚的聚冰带,从而导致路面的不均匀冻胀。路面防冻最小厚度可参照表4-9确定。在季节性冰冻地区有冻胀可能的中、潮湿路段,根据交通量计算的路面总厚度应不小于表4-9的规定。若结构层总厚度小于最小防冻厚度时,应增加防冻垫层使其满足最小防冻厚度要求。防冻层可用水稳定性好而强度较低的地方材料如炉渣、砂砾、碎石等。表4-9中的道路冻深按式(4-16)计算。

最小防冻厚度(cm) 表 4-9

路基类型	土质 / 基、垫层类型 / 道路冻深(cm)	黏质土、细粒土质砂			粉质土		
		砂石类	稳定土类	工业废料类	砂石类	稳定土类	工业废料类
中湿	50 ~ 100	40 ~ 45	35 ~ 40	30 ~ 35	45 ~ 50	40 ~ 45	30 ~ 40
	100 ~ 150	45 ~ 50	40 ~ 45	35 ~ 40	50 ~ 60	45 ~ 50	40 ~ 45
	150 ~ 200	50 ~ 60	45 ~ 55	40 ~ 50	60 ~ 70	50 ~ 60	45 ~ 50
	大于 200	60 ~ 70	55 ~ 65	50 ~ 55	70 ~ 75	60 ~ 70	50 ~ 65
潮湿	60 ~ 100	45 ~ 55	40 ~ 50	35 ~ 45	50 ~ 60	45 ~ 55	40 ~ 50
	100 ~ 150	55 ~ 60	50 ~ 55	45 ~ 50	60 ~ 70	55 ~ 65	50 ~ 60
	150 ~ 200	60 ~ 70	55 ~ 65	50 ~ 55	70 ~ 80	65 ~ 70	60 ~ 65
	大于 200	70 ~ 80	65 ~ 75	55 ~ 70	80 ~ 100	70 ~ 90	65 ~ 80

注:①在《公路自然区划标准》(JTJ 003—86)中,对潮湿系数小于 0.5 的地区,Ⅱ、Ⅲ、Ⅳ 等干旱地区防冻厚度比表中值减少 15% ~ 20%。

②对Ⅱ区细粒土质砂路基防冻厚度应相应减少 5% ~ 10%。

$$Z_{max} = a \cdot b \cdot c \cdot Z_d \tag{4-16}$$

式中:Z_{max}——(从路表面至道路冻结线)多年最大冻深,m;

a——路面路基材料热物性系数;

b——路基湿度系数;

c——路基断面(填、挖)形式系数;

Z_d——大地标准冻深,m。

a、b、c 由沥青路面设计规范查得,Z_d 根据气象部门观测资料计算确定。

4.结构层的层数和层厚组合

按照强度组合原则,结构层层数越多,越能体现强度同荷载应力随深度变化的规律相适应及造价经济性的要求。但是,层数过多将带来施工工艺及材料制备上的困难。因此,一般来说,层数不宜过多,在满足各方面要求的条件下,层数应尽可能地少。

各结构层的厚度应综合考虑材料的性能,应力传布的效果和压实机具的效能等因素确定。层厚过大,一次压实不足,则需分层施工;层厚过小,又不能形成独立的稳定结构层次。从强度和造价上考虑,各结构层层厚宜自上而下由薄到厚。部分结构层的适宜厚度以及施工最小厚度见表 4-10。

为了保证沥青路面使用质量,我国规范推荐的各级公路半刚性基层上沥青面层的总厚度见表 4-11。

在进行路面结构组合设计时,上述原则有时会产生矛盾,应结合具体情况,分清主次,合理地综合应用诸原则,以获得符合当地交通、环境、材料、施工及养护等条件的路面结构层次组合。

部分结构层的压实最小厚度与适宜厚度　　表 4-10

结构层类型		公称最大粒径（mm）	符号	压实最小厚度（mm）	适宜厚度（mm）
密级配沥青混凝土	砂粒式	4.75	AC-5	15	15 ~ 30
	细粒式	9.5	AC-10	20	25 ~ 40
		13.2	AC-13	35	40 ~ 60
	中粒式	16	AC-16	40	50 ~ 80
		19	AC-20	50	60 ~ 100
	粗粒式	26.5	AC-25	70	80 ~ 120
沥青玛蹄脂碎石	细粒式	9.5	SMA-10	25	25 ~ 50
		13.2	SMA-13	30	35 ~ 60
	中粒式	16	SMA-16	40	40 ~ 70
		19	SMA-20	50	50 ~ 80
半开级配沥青碎石	细粒式	13.2	AM-13	35	40 ~ 60
	中粒式	16	AM-16	40	50 ~ 70
		19	AM-20	50	60 ~ 80
	粗粒式	26.5	AM-25	80	80 ~ 120
沥青贯入式				40	40 ~ 80
沥青上拌下贯式				60	60 ~ 80
沥青表面处治				10	10 ~ 30
无机结合料稳定类(水泥稳定类、石灰粉煤灰稳定类、石灰稳定类)				150	180 ~ 200
贫混凝土				150	180 ~ 240
级配碎石、级配砾石				80	100 ~ 200
泥结碎石				80	100 ~ 150
填隙碎石				100	100 ~ 120

注:表中未列出的结构层的压实最小厚度与适宜厚度参见现行《公路沥青路面设计规范》

半刚性基层上沥青面层推荐厚度　　表 4-11

公 路 等 级	推 荐 厚 度 （cm）
高速公路	12 ~ 18
一级公路	10 ~ 15
二级公路	5 ~ 10
三级公路	2 ~ 4
四级公路	1 ~ 2.5

四、高速公路、一级公路推荐的路面结构

根据我国各地区各级公路路面结构的实践经验和理论计算，公路沥青路面设计规范附录 A 推荐了各级公路的路面结构形式，其中高速公路、一级公路推荐的路面结构见表 4-12。各地区应根据当地的交通量、自然条件、筑路材料、施工条件等因素选用适当的结构类型。

高速公路、一级公路推荐结构　　表 4-12

类型	结构与厚度(cm)	设计年限内一个行车道上的累计标准轴次(万次)		
		400～800	800～1200	>1200
I_1	面　层	AC　12	AC　15	AC　16～18
	基　层	CGA　20～30	CGA　20～34	CGA　20～38
	底基层	LS　? (或 CS) (或 CLS)	LS　? (或 CS) (或 CLS)	LS　? (或 CS) (或 CLS)
I_2	面　层	AC　12	AC　15	AC　16～18
	基　层	CGA　?	CGA　?	CGA　?
	底基层	GA　20	GA　20～30	GA　20～30
II_1	面　层	AC　12	AC　15	AC　16～18
	基　层	LFGA　20～30	LFGA　20～34	LFGA　20～38
	底基层	LS　? (或 CS)　? (或 LFS)	LS　? (或 CS)　? (或 LFS)	LS　? (或 CS)　? (或 LFS)
II_2	面　层	AC　12	AC　15	AC　16～18
	基　层	LFGA　?	LFGA　?	LFGA　?
	底基层	GA　20	GA　20～30	GA　20～30
III_1	面　层	AC　12	AC　15	AC　16～18
	基　层	CLFGA　20～30	CLFGA　20～34	CLFGA　20～38
	底基层	LS 或 LFS　? (或 CS) (或 CLS)	LS 或 LFS　? (或 CS) (或 CLS)	LS 或 LFS　? (或 CS) (或 CLS)
III_2	面　层	AC　12	AC　15	AC　16～18
	基　层	CLFGA　?	CLFGA　?	CLFGA　?
	底基层	GA　20	GA　20～30	GA　20～30

续上表

类型	结构与厚度(cm)	设计年限内一个行车道上的累计标准轴次(万次)		
		400 ~ 800	800 ~ 1200	> 1200
IV	面　层	AC　6 ~ 10	—	—
	上基层	AS　8 ~ 10	—	—
	下基层	CR　?	—	—
	底基层	GA　20 ~ 30 (或 CR) (或 SG)	—	—

注:①各结构层材料名称代号

沥青混凝土	AC	石灰稳定集料	SGA
沥青碎石	AM	水泥土	CS
水泥稳定集料	CGA	二灰土	LFS
水泥稳定级配碎石	CCR	石灰土	LS
水泥稳定砂砾	CSG	水泥石灰土	CLS
二灰稳定集料	LFGA	级配碎石	CR
二灰稳定碎石	LFCR	砂砾	SG
二灰稳定砂砾	LFSG	集料	GA
水泥粉煤灰等综合稳定集料	CLFGA		

②CGA 为水泥稳定集料,包括水泥稳定级配碎石(CCR)和水泥稳定砂砾(CSG)。集料 GA 包括级配碎石(CR)和级配砂砾或天然砂砾(SG)或未筛分碎石以及粗、中粒土。

③高速公路、一级公路的面层由二至三层组成,应根据规范要求,结合各地具体情况选用各沥青混合料的级配。

④基层、底基层的材料应本着因地制宜,就近取材、保证质量、节约投资的原则选择结构类型,特别是底基层材料,更应注重当地材料的选用。

⑤各结构层原材料及混合料的配合比、级配、力学性能指标应符合有关规范的规定。

⑥表中赋有"?"的基层或底基层为设计层,应考虑交通量、土基状况按专用设计程序进行厚度计算。

第六节　新建沥青路面结构层厚度计算

一、设计理论与方法

为了采用多指标控制路面结构设计,同时把路面的结构组合、厚度计算和材料组成设计统一考虑,使路面结构设计与计算更符合实际情况,公路沥青路面设计规范采用双圆垂直均布荷载作用下的多层弹性层状体系理论,以设计弯沉值为路面整体刚度的设计指标,计算路面结构层厚度。对高速公路、一级公路、二级公路的沥青混凝土面层和半刚性材料基层、底基层应进行拉应力验算。

沥青路面在力学性质上属于非线性的弹—粘—塑性体,考虑到车辆荷载作用的瞬时性(百分之几秒),在路面结构中产生的粘—塑性变形数量很小,对于厚度较大、强度较高的沥青路面,将其视为线性弹性体,并应用弹性层状体系理论进行分析计算是合适的。弹性层状体系是由若干个弹性层组成，上面各层具有一定的厚度，最下一层（土基）为弹性半空间体。

用多层弹性体系理论进行路面结构计算时应考虑各层间接触的条件。层间的接触条件可能是连续的（即上下两层之间没有相对位移，不能相互错动），也可能是滑动的（即上下两层之间仅竖向应力和位移连续而无摩阻力，可以自由错动），甚至介于两者之间。我国现行规范采用完全连续体系为层间接触条件。

二、路面厚度计算

沥青路面厚度计算根据多层弹性理论、层间接触条件为完全连续体系时，在双圆均布荷载作用下，轮隙中心处实测路表弯沉值 L_s 等于设计弯沉值 L_d 的原则进行计算，其力学图式如图4-5所示。计算步骤如下：

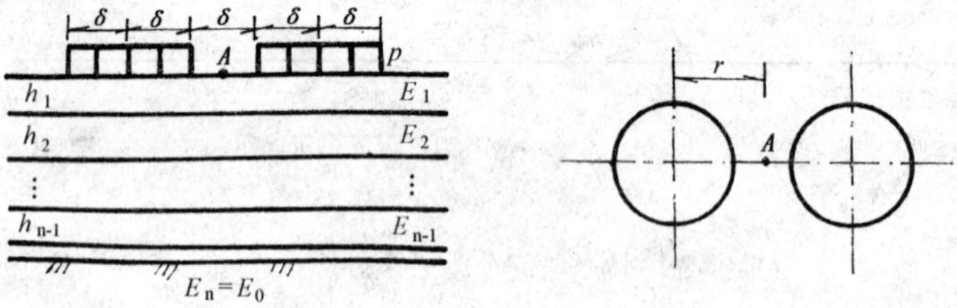

图4-5 路面弯沉值计算图式

(1)确定路面材料设计参数。高速公路、一级公路在初步设计阶段应选用沿线材料和外购材料进行配合比设计。在选定配合比的基础上，按有关规程的规定实测材料设计参数，并论证地确定各层材料回弹模量和抗拉强度的设计值。

(2)对选定的路面结构进行组合。先拟定某一层作为设计层，拟定面层和其他各层的厚度。当采用半刚性基层、底基层结构时，可选任一层作为设计层；当采用半刚性基层、粒料类材料底基层时，应拟定面层、底基层厚度，以半刚性基层为设计层；对于采用柔性基层、底基层的沥青路面时，宜拟定面层、底基层的厚度，求算基层厚度，此时若求得基层厚度过厚时，可考虑选用沥青碎石或乳化沥青碎石做上基层，以减薄路面总厚度，增加结构强度和稳定性。

(3)计算公式如下：

$$L_s = L_d \tag{4-17}$$

$$L_s = 1\,000 \cdot \frac{2p\delta}{E_0}\alpha_c \cdot F \tag{4-18}$$

$$\alpha_c = f\left(\frac{h_1}{\delta}, \frac{h_2}{\delta}, \cdots \frac{h_{n-1}}{\delta}, \frac{E_2}{E_1}, \frac{E_3}{E_2}, \cdots \frac{E_0}{E_{n-1}}\right) \tag{4-19}$$

$$F = 1.63\left(\frac{L_s}{2\,000\delta}\right)^{0.38}\left(\frac{E_0}{p}\right)^{0.36} \tag{4-20}$$

式中：L_s——路面计算弯沉值，0.01mm；

p、δ——标准车型的轮胎接地压强和当量圆半径，cm；

F——弯沉综合修正系数；

α_c——理论弯沉系数；

E_0或E_n——土基抗压回弹模量值(MPa)；

E_1、E_2、E_{n-1}——各层材料抗压回弹模量值，MPa；

h_1、h_2、h_{n-1}——各结构层厚度，cm。

(4)根据某车道累计轴次或设计弯沉值，各结构层的回弹模量与劈裂强度、土基回弹模量以及已知结构层的厚度，利用专用设计程序即可求得某一结构层的厚度。

三、层底拉应力验算

沥青路面设计除以设计弯沉作为设计控制指标外，对高速公路、一级公路、二级公路还要验算沥青混凝土面层和整体性材料基层、底基层的拉应力。

1.层底拉应力计算图式

验算路面结构层层底拉应力时仍然以多层弹性层状体系理论为基础，层间接触条件为完全连续体系，其计算图式如图4-6所示。

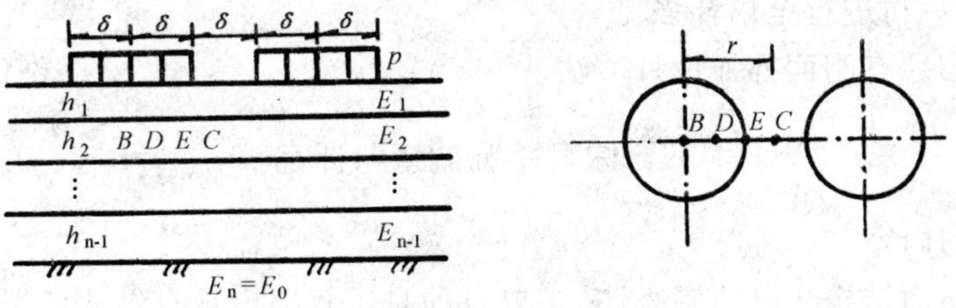

图4-6 层底拉应力计算图式

2.层底拉应力计算公式

整体性材料层底拉应力值 σ_m，采用最大拉应力的理论公式(4-21)计算。

$$\sigma_m = p\,\bar{\sigma}_m \tag{4-21}$$

式中：$\bar{\sigma}_m$——理论最大拉应力系数，它是 $\frac{h_1}{\delta},\frac{h_2}{\delta},\cdots\frac{h_{n-1}}{\delta},\frac{E_2}{E_1},\frac{E_3}{E_2},\cdots\frac{E_0}{E_{n-1}}$ 的函数。

验算沥青混凝土面层及半刚性材料的基层、底基层的层底拉应力时，以单圆的中心点 B，单圆半径的二分之一点 D，单圆的内侧边缘点 E 及双圆间隙中心点 C 为计算点，并取最大值作为层底最大拉应力。

验算时层底拉应力 σ_m 应满足 $\sigma_m \leqslant \sigma_R$。

第七节 改建路面设计

一、概 述

沥青路面随着使用时间的延续，其使用性能和承载能力不断降低，当通过的轴次超过设计当量轴次，或路面表面破损严重时，便不能满足正常行车要求，需要进行补强或改建。

1.改建设计原则

(1)当原有路面需要提高等级时，对不符合技术标准的路段，应先进行线形改善。

(2)改线路段应按新建路面设计。加宽路面、提高路基、调整纵坡的路段应视具体情况按新建或改建路面设计。在原路面上补强时，按改建路面设计。

2.中、低级路面改建为沥青路面

(1)原路面的水稳性不良时，不宜直接加铺沥青面层，应将原路面翻松处理，以改善其水稳定性。

(2)原路面的强度和稳定性基本符合要求时,可视路表面状况选用加铺整平层、调整路拱或局部修补坑槽、松散的方法改善。

3.沥青路面的改建

(1)沥青路面因整体强度不足需加铺补强层时,原有沥青面层除回收再生利用外,一般可不铲除,但应对局部的松散、坑槽进行修补;裂缝严重的路段应采取防止反射裂缝的措施,然后再进行补强。

(2)沥青路面的整体强度符合要求,但平整度差,或路面产生车辙,或沥青老化开裂,或路面光滑时,可采用罩面或加铺抗滑表层等措施改善。

4.原有路面加宽

在加宽部分路基土的压实度符合要求的前提下,先使加宽部分的整体强度与原有路面的整体强度相同,然后再进行全幅补强。

本节主要介绍原有路面补强设计方法。

二、原有路况调查与评定

1.路况调查的内容

对使用中的路面结构状况的调查,其主要目的是了解路面现有结构状况和承载能力,据以预估剩余使用寿命,判断是否需要补强,分析路面损坏的原因及提出处理措施,并为补强设计提供可靠的设计参数。

现有路面概况调查工作包括如下内容:

1)交通调查

调查不利季节的年平均双向日交通量和车型组成、交通量增长率,交通量季节变化规律以及公路的使用性质等资料,以作为路面改建设计的依据。调查可采用实地观测(包括人工观测和移动式车辆自动称重系统)统计方法或向当地车辆管理部门调查等方法进行。

2)原路修建历史和养护状况

了解原路修筑时间,设计、施工以及养护与改建的情况。调查路基宽度、最大纵坡、最小平曲线半径、路拱、平整度、坑槽、搓板、翻浆、积雪、积砂、水毁、坍方以及排水、积水状况等,以判定是否需要局部改善线型。为拟定路线改建计划和路面补强设计方案提供依据。

3)原有路面结构和路基状况的调查

一般应每隔500m挖一坑,查明原有路面的结构类型、各结构层厚度和宽度,并按层取样试验,判断其结构层或材料是否可以利用。对于路面结构和水文地质有明显变化之处,应适当增补试坑。为了查明路基状况,应测定原有路面底面以下80cm深度内路基的压实度、分层含水量,并取样做颗粒分析,测定液、塑限,以判断路基土类型及路基干湿类型。

2.原有路面结构强度的评定

1)原有路面的分段

在确定各路段的计算弯沉值时,应将原路全线划分为若干段落。同一路段路基的干湿类型和土质应基本相同,各测点的弯沉值比较接近。每段的弯沉值测定应不少于20个点/车道。测点间距一般为50m,特殊路段或因需要可适当加密。各路段的最小长度应与施工方法相适应,一般不应小于500m,机械化施工时不应小于1km。在水文、土质条件复杂或需要专门处理的软弱路段,其分段长度可视实际情况而定。

2)评定指标及测定方法

路表弯沉值反映了路基和路面体系的抗变形能力,它与土基和路面结构层的回弹模量有着密切的关系,因此原有路面强度是以路表实测弯沉值作为评定指标。路表回弹弯沉值的测定一般采用梁式弯沉仪进行,测点应在路面行车道的轮迹带上。

3)分段代表弯沉值

由于弯沉值大小与路面面层类型、结构组合和厚度、路基土类型和状态、交通量和组成、路面使用年限以及路面温度有关,因此各实测弯沉值之间存在着差异,即使将测点间距缩小仍会出现这种差异。补强设计若以路段的最大弯沉值为依据会得出过分保守的结果,造成投资过大;若以路段的平均弯沉值为依据,则会有近50%的点强度不满足要求。为了利用测得的弯沉值评定某一路段的路面强度,需对所测弯沉值进行统计加工,寻求具有代表性的弯沉值,并以此为依据进行补强设计。

对测定弯沉值进行统计加工时,假定测定是在相同条件下的等精度测量,测定结果的分布一般符合正态分布规律。因此,可由正态分布定理求得已知测定点 n 和相应弯沉值 l_i 的平均弯沉值 $\bar{l}$、标准差 S 及偏差系数 C_v,即:

$$\left.\begin{aligned} \bar{l} &= \frac{1}{n}\sum_{i=1}^{n} l_i \\ S &= \sqrt{\frac{\sum(\bar{l}-l_i)^2}{n-1}} \end{aligned}\right\} \tag{4-22}$$

$$C_v = \frac{S}{\bar{l}} \times 100\% \tag{4-23}$$

由此可得各分段的代表性弯沉值为:

$$\bar{l}_0 = \bar{l} + Z_a S \tag{4-24}$$

Z_a 为保证率系数,与道路等级有关,补强二级及二级以上的公路路面时为1.5,补强三、四级公路路面时为1.3。对不同的保证率系数可由正态概率积分表查得保证率。例如,Z_a 为1.5和1.3的保证率分别是93.3%和90%。

4)测定季节对弯沉值的影响

由于路面在一年内的不同时期具有不同的承载能力,而经过补强设计的路面必须保证在最不利季节具有良好的状况,因此弯沉测定应在一年的最不利季节进行。但是由于种种原因有时不能在最不季节测定,使得实测弯沉值偏小,所以要乘以根据多年累积的测定资料统计分析得到的季节影响系数 K_1 进行修正。K_1 可根据本地区的经验确定,也可参考规范中季节影响系数表查得。

5)加铺沥青层对砂石路面的影响

在原有砂石路面上铺筑沥青面层以后,路基和基层中的水分蒸发较以前困难,致使路基和基层中湿度增加,承载能力降低,弯沉增大。特别是在自然区划为Ⅲ、Ⅵ、$Ⅶ_4$ 区内更容易发生这种情况。这些自然区划中,在原有砂石路面上测得的弯沉值应乘以反映湿度变化导致弯沉增大的湿度影响系数 K_2,其值可参照表4-13中的建议值。

6)温度对弯沉值的影响

当原路面为厚度大于5cm的沥青面层时,弯沉测定值还随路面温度的变化而变化。为了

温度影响系数 K_2 建议值 表 4-13

自然区划	路基干湿类型	路面材料水稳定性		附注
		好	差	
$Ⅲ_1$	干	1.0	1.0~1.1	
	中	1.1~1.2	1.1~1.3	
	湿	1.2~1.4	1.35~1.5	
$Ⅲ_2$	干	1.0~1.1	1.1~1.15	
	中	1.1~1.3	1.15~1.35	
	湿	1.3~1.5	1.35~1.55	
$Ⅲ_3$	干	1.0~1.15	1.1~1.2	
	中	1.15~1.35	1.2~1.4	
	湿	1.35~1.55	1.4~1.6	
$Ⅵ_1$ $Ⅵ_{1a}$	干	1.0~1.1	1.1~1.2	在内蒙古建议值和宁夏实测值基础上调整
	中	1.1~1.2	1.2~1.3	
	湿	1.2~1.4	1.3~1.5	
$Ⅵ_2$	干	1.0~1.2	1.1~1.25	
	中	1.2~1.4	1.25~1.5	
	湿	1.4~1.6	1.5~1.7	
$Ⅶ_4$	干	1.0~1.1	1.1~1.2	根据西藏实测值及青藏公路科研组建议值综合提出
	中	1.1~1.2	1.2~1.3	
	湿	1.2~1.3	1.3~1.4	

使不同温度时测定的弯沉结果可作比较,需把不同温度测定的结果换算为标准温度为 20℃时的弯沉值 l_{20},其换算系数(或称温度修正系数)为:

$$K_3 = \frac{l_{20}}{l_{T_1}} \tag{4-25}$$

式中:l_{T1}——测定时沥青面层平均温度为 T_1 时的弯沉值。

温度修正系数 K_3 计算方法如下:

(1)先求测定时沥青面层的平均温度 T_1

$$T_1 = a + bT_0 \tag{4-26}$$

式中:a、b——系数,$a = -2.14 + 0.52h$,$b = 0.62 - 0.008h$;

T_0——测定时路表温度与测定前 5h 平均气温之和,℃;

h——沥青面层厚度,cm。

(2)求算温度修正系数 K_3

当 $T_1 \geqslant 20$℃时：

$$K_3 = e^{h(1/T_1 - 1/20)} \tag{4-27}$$

当 $T_1 < 20$℃时

$$K_3 = e^{0.002h(20 - T_1)} \tag{4-28}$$

7)确定计算弯沉值 l_0

在确定了路段的代表弯沉值,并考虑了季节影响、湿度影响和温度影响后,一个路段的计算弯沉值可由下式确定：

$$l_0 = (\bar{l} + Z_a S) K_1 K_2 K_3 \tag{4-29}$$

计算弯沉值 l_0 反映了该路段路基路面结构的整体刚度。

三、原有路面补强设计方法

1.补强层结构设计

与新建路面设计一样,补强路面结构设计的主要依据也是路表设计弯沉值 L_d,即以路表设计弯沉值 L_d 作为控制指标。L_d 的确定与新建路面完全一样。在进行结构设计时,要考虑公路等级、路面等级、面层类型、设计弯沉值 L_d 和计算弯沉值 l_0 等各种因素。同时还要符合强度组合、层间组合、厚度组合等原则。补强层可是一层、也可以是两层或多层。要根据具体情况确定。在设计时,至少应确定两种方案进行分析比较,最后根据计算选定一种最优结构设计方案。

2.补强层厚度计算

经过测定并整理得出的计算弯沉值 l_0 为现有路面的弯沉值。如果要求的设计弯沉值 L_d 比 l_0 小,则说明现有路面强度不足,需要通过修筑补强层来加强路面。

为了确定补强层厚度,我国曾修筑过许多不同结构及厚度的补强试验路面,提出了补强厚度的计算方法,比较典型的厚度设计方法有两种,一种是经验法,另一种是弹性层状体系理论法。

原有路面修筑补强层后,与原有路面构成了多层体系。因此,我国现行公路沥青路面设计规范采用弹性层状体系理论求解补强层厚度。

其基本步骤是：

1)确定原有路面当量回弹模量 E_t

计算弯沉值虽然综合地表征了原有路面的整体刚度,但为了直接应用弹性层状体系理论,比较合理的解决办法是将计算弯沉值转换为当量回弹模量。各路段的当量回弹模量按式(4-28)计算：

$$E_t = 1\,000 \frac{2p\delta}{l_0} m_1 m_2 \tag{4-30}$$

式中：E_t——原有路面的当量回弹模量,MPa；

δ——标准轴载单轮传压面当量圆半径,cm；

l_0——原路面的计算弯沉,0.01m；

p——标准轴载车型轮胎接地压强,MPa；

m_1——用标准轴载的汽车在原路面上测得的弯沉值与用承载板在相同压强条件下所测得的回弹变形值之比,即轮板对比值,应根据各地的对比试验结果论证地确定；

在没有对比试验资料的情况下，可取 $m_1 = 1.1$ 进行计算；

m_2——原有路面当量回弹模量扩大系数。

计算与原有路面接触的补强层层底拉应力时，m_2 按式(4-31)计算；计算其他补强层层底拉应力及弯沉值时，$m_2 = 1.0$。

$$m_2 = e^{0.037\frac{h'}{\delta}\left(\frac{E_{n-1}}{p}\right)^{0.25}} \tag{4-31}$$

式中：E_{n-1}——与原路面接触层材料的抗压模量，MPa；

h'——各补强层等效为与原路面接触层 E_{n-1} 相当的等效总厚度，cm。可按式(4-32)计算。

$$h' = \sum_{i=1}^{n-1} h_i (E_i / E_{n-1})^{0.25} \tag{4-32}$$

式中：E_i——第 i 层补强层材料的抗压回弹模量，MPa；

h_i——第 i 层补强的厚度，cm；

$n-1$——补强层层数。

2)求解补强层厚度

若补强层为单层时，以双层弹性体系为设计计算的力学模型，补强 $n-1$ 层时，以 n 层弹性体系为力学模型计算。计算时，仍以设计弯沉值作为路面整体刚度的控制指标；对二级及二级以上的公路，还应验算补强层层底拉应力。设计弯沉值、各补强层层底拉应力和容许拉应力的计算方法及补强层、弯沉综合修正系数及补强层材料系数的确定与新建路面设计时的各项规定相同。对于弯沉综合修正系数，当以路表回弹弯沉为设计指标时，弯沉综合修正系数按 $F = 1.45\left(\frac{l_s}{2000\delta}\right)^{0.61}\left(\frac{E_t}{p}\right)^{0.61}$ 计算；当以拉应力为控制指标时，确定了设计厚度以后，宜按式(4-20)计算弯沉综合修正系数，最后计算路表回弹弯沉。

设计层的厚度应采用弹性层状体系理论编制的专用设计程序进行计算。

3.原有路面补强设计程序

对原有路面补强的设计程序，可归纳如下：

(1)对原有公路进行技术调查，掌握设计资料。

(2)按设计任务中的要求，确定路面等级和面层类型，计算设计弯沉值及容许拉应力。

(3)确定路段的计算弯沉值 l_0 及当量回弹模量 E_t。

(4)拟定几种可能的结构组合并确定各补强层的参数和结构层的厚度 h。

(5)根据专用设计程序计算路面厚度，对季节性冰冻地区还应验算防冻厚度。

(6)根据各方案的计算结果，进行技术经济比较，确定采用的补强方案。

4.不同轴载的弯沉值换算

在对原有路面进行弯沉检测时，每一车道、每路段的测点数不少于 20 点，且应采用标准轴载汽车测定。如采用非标准轴载(轴重 60 ~ 130kN)汽车测定时，则宜按式(4-33)将非标准轴载测得的弯沉值换算为标准轴载下的弯沉值。

$$\frac{l_{100}}{l_i} = \left(\frac{P_{100}}{P_i}\right)^{0.87} \tag{4-33}$$

式中：P_{100}、l_{100}——分别为 100kN 标准轴载及相应的弯沉值；

P_i、l_i——分别为非标准轴载及相应的弯沉值。

第五章　水泥混凝土路面设计

水泥混凝土路面设计内容包括:(1)路基和基(垫)层的结构组合设计;(2)混凝土面板平面尺寸的确定与板厚计算;(3)接缝设计;(4)配筋设计;(5)混凝土的材料组成设计。本章主要介绍普通水泥混凝土路面的结构组合设计、面板平面尺寸的确定与板厚计算和接缝设计等内容。

第一节　设计依据

一、标准轴载与轴载换算

1.标准轴载

水泥混凝土路面结构设计以轴重100kN的单轴－双轮组荷载作为标准轴载。其他各级轴载的作用次数均换算成标准轴载的当量作用次数,并根据设计车道标准轴载的累计作用次数判断公路的交通繁重程度。

2.轴载换算

轴载换算依据疲劳等效的原则进行。所谓疲劳等效,是指同一路面结构在不同的轴载作用下达到相同的疲劳程度。对于疲劳损坏,不同的设计方法选用不同的概念和衡量指标,现行《公路水泥混凝土路面设计规范》(JTG D40—2002)以疲劳断裂损坏作为混凝土路面的损坏标准。如对某一种路面结构,轴载 P_1 作用 N_1 次以后,混凝土面板处于疲劳断裂状态;轴载 P_2 作用 N_2 次后,混凝土面板处于同样的疲劳断裂状态,则二者是等效的。采用以疲劳断裂为标准建立的疲劳方程,可以推导出疲劳断裂等效损坏时轴载换算公式和换算系数。

$$N_s = \sum_{i=1}^{n} \delta_i \cdot N_i \left(\frac{P_i}{100}\right)^{16} \tag{5-1}$$

式中: N_s——标准轴载的日作用次数,次/d;

P_i——单轴－单轮、单轴－双轮组、双轴－双轮组或三轴－双轮组轴型第 i 级轴载的总重,kN;

δ_i——轴－轮型数系数,单轴－双轮组时,$\delta_i = 1$,单轴－单轮时,$\delta_i = 2.22 \times 10^3 P_i^{-0.43}$,双轴－双轮组时,$\delta_i = 1.07 \times 10^{-5} P_i^{-0.22}$,三轴－双轮组时,$\delta_i = 2.24 \times 10^{-8} P_i^{-0.22}$;

n——轴型和轴载级位数;

N_i——各类轴型第 i 级轴载的日作用次数,次/d。

二、可靠度设计标准

公路水泥混凝土路面结构应按规定的安全等级和目标可靠度,承受预期交通荷载的作用,并同所处的自然环境相适应，满足预定的使用性能要求。《公路工程结构可靠度设计统一标准》规定的公路工程结构设计安全等级为三个等级，现行《公路水泥混凝土路面设计规范》为三级、四级公路路面增加一个设计安全等级——四级。水泥混凝土路面结构可靠度设计标准按表5-1选用。

可靠度设计标准　　表5-1

公路等级	高速公路	一级公路	二级公路	三、四级公路
安全等级	一级	二级	三级	四级
设计基准期(年)	30	30	20	20
目标可靠度(%)	95	90	85	80
目标可靠度指标	1.64	1.28	1.04	0.84
变异水平等级	低	低-中	中	中-高

三、标准轴载累计作用次数

1.交通调查与分析

1)设计车道使用初期年平均日货车交通量ADTT

水泥混凝土路面设计车道为行车道内交通量最繁重的一个车道。利用当地交通量观测站和统计资料，或者通过设立站点进行交通量观测，获取所设计公路的初期年平均日交通量(双向)和车辆组成数据，剔除双轴四轮以下的客、货车辆交通量，得到初期年平均日货车交通量(双向)ADTT′。调查分析双向交通的分布情况，选取交通量方向分配系数，一般情况下可采用0.5。

设计车道使用初期年平均日货车交通量系由初期双向年平均日货车交通量乘以(行驶)方向分配系数和车道分配系数，即：

$$\mathrm{ADTT} = \mathrm{ADTT}' \times \beta_1 \times \beta_2 \tag{5-2}$$

式中：β_1——方向分配系数，通常取0.5~0.6；

β_2——车道分配系数，1车道/方向，取1.0，2车道/方向，取0.8~1.0，3车道/方向，取0.6~0.8，4车道以上/方向，取0.5~0.75。

2)设计基准期内交通量的年平均增长率g_r

按公路等级和功能，以及所在地区的经济和交通发展情况，通过调查分析，预估设计基准期内的交通增长量，确定交通量的年平均增长率。

2.轴载调查与分析

利用当地称重站的测定和统计资料，或者通过设立站点进行轴载调查和测定，获取所设计公路的车型、轴型和轴载组成数据，分析计算设计车道使用初期标准轴载的日作用次数。分析计算方法有如下两种：

1)轴载当量换算系数法

统计1000辆双轴六轮以上客、货车辆中单轴、双联轴和三联轴3种轴型分别出现的次数，并分别称取其轴重。称重测定资料分别按轴型和轴重级位整理，得到各种轴型的轴载谱。单轴轴载按10kN分级，双联轴和三联轴轴载按20kN分级。各种轴型不同轴载级位的标准轴载当量换算系数按式(5-3)计算。

$$k_{P,ij}=\delta_{ij}\left(\frac{P_{ij}}{100}\right)^{16} \tag{5-3}$$

式中：$k_{P,ij}$——各种轴型不同轴载级位的标准轴载当量换算系数；

i——轴型；

j——轴载级位；

P_{ij}——i 种轴型 j 级轴载的轴重，kN；

δ_{ij}——i 种轴型 j 级轴载的轴－轮型数系数。

由轴载谱和轴载当量换算系数，按式(5-4)计算设计车道使用初期的标准轴载日作用次数(次/d)。

$$N_s=\frac{ADTT}{1000}\sum_i n_i\sum k_{P,ij}\times p_{ij} \tag{5-4}$$

式中：n_i——每1000辆双轴六轮以上客、货车辆中第 i 种轴型出现的次数；

p_{ij}——i 种轴型 j 级轴载的频率(以分数计)。

2)车辆当量轴载系数法

将双轴六轮以上客、货车辆分为3大类：整车类——细分为单后轴货车、双后轴货车和大客车3类；半挂车类——细分为3轴、4轴和≥5轴3类；全挂车类——细分为4轴、5轴和≥6轴3类。各类车辆的轴型分为单轴、双联轴和三联轴3种。

称重测定资料分别按车型和轴型整理，得到相应的轴载谱。单轴轴载按10kN分级，双联轴和三联轴轴载按20kN分级。各类车辆的当量轴载系数按式(5-5)计算。

$$k_{P,k}=\sum_i\left(\sum_j\left(k_{P,ij}\times p_{ij}\right)\right) \tag{5-5}$$

式中：$k_{P,k}$——车辆的当量轴载系数；

k——车辆类型；

p_{ij}——i 种轴型 j 级轴载的频率(以分数计)。

根据各类车辆的组成数据，按式(5-6)计算设计车道使用初期的标准轴载日作用次数(次/d)。

$$N_s=ADTT\times\sum_k\left(k_{P,k}\times p_k\right) \tag{5-6}$$

式中：p_k——k 类车辆组成比例(以分数计)。

3.标准轴载累计作用次数 N_e

设计基准期内水泥混凝土面层临界荷位处所受到的标准轴载累计作用次数，依据设计车道内的初始标准轴载的作用次数、交通量年平均增长率和车轮轮迹在车道横断面上的横向分布系数确定，其计算公式为：

$$N_e=\frac{N_s\left[(1+g_r)^t-1\right]\times 365}{g_r}\cdot\eta \tag{5-7}$$

式中：N_s——设计车道使用初期标准轴载日作用次数，次/d；

g_r——交通量年平均增长率，%；

t——设计基准期,年;

η——临界荷位处的车轮轮迹横向分布系数,即车道上临界荷位处实际受到的轴载作用次数与通过该车道断面的总作用次数之比值,按表 5-2 选用。

车辆轮迹横向分布系数 η 表 5-2

公路等级		纵缝边缘处
高速公路、一级公路、收费站		0.17~0.22
二级、三级、四级公路	行车道宽度 > 7m	0.34~0.39
	行车道宽度 ≤ 7m	0.54~0.62

注:车道或行车道宽或者交通量较大时,取高值;反之,取低值。

四、交通分级

水泥混凝土路面所承受的轴载作用,按设计基准期内设计车道所承受的标准轴载累计作用次数,将交通繁重程度划分为特重、重、中等和轻四个等级,分级范围见表 5-3。

交 通 分 级 表 5-3

交通等级	特重	重	中等	轻
设计车道标准轴载累计作用次数 N_e(10^4)	> 2000	100~2000	3~100	< 3

五、综合系数

对于水泥混凝土路面来讲,车辆装载重心的偏移及振动冲击作用对其疲劳损坏的影响较大。综合系数考虑了偏载和动载等因素对路面疲劳损坏的影响,实际上是荷载应力安全系数。综合系数按公路等级查表 5-4 取用。

综 合 系 数 k_c 表 5-4

公路等级	高速公路	一级公路	二级公路	三、四级公路
k_c	1.30	1.25	1.20	1.10

六、基层顶面当量回弹模量

在水泥混凝土路面设计理论中,把混凝土面板以下的部分当作弹性半空间体地基。分析板内荷载应力时应将基层、垫层和土基等换算成弹性半空间体地基,用基层顶面的当量回弹模量来表示弹性半空间体地基的模量值。具体确定时按新建公路和改建公路分别考虑。

1.新建公路的基层顶面当量回弹模量 E_t 的计算

(1)根据土质、自然区划和土基的干湿类型,查表 5-5 确定土基的回弹模量 E_0。

需要说明的是,表 5-5 中路床土回弹模量经验参考值范围,系依据现行《公路沥青路面设计规范》(JTJ 014—97)中土基回弹模量参考值表的数值,按各自然区划、不同土组、中湿路基状态稠度归纳而成。因此,要求路基标高设计时应尽可能超过中湿状态路基的临界高度。

中湿路基路床顶面回弹模量经验参考值范围(MPa) 表 5-5

土 组	公路自然区划				
	II	III	IV	V	VI
土质砂	26 ~ 42	40 ~ 50	39 ~ 50	35 ~ 60	50 ~ 60
黏质土	25 ~ 45	30 ~ 40	25 ~ 45	30 ~ 45	30 ~ 45
粉质土	22 ~ 46	32 ~ 54	30 ~ 50	27 ~ 43	30 ~ 45

(2)根据已拟定的基层、垫层结构层材料类型,查表 5-6 确定各结构层材料的回弹模量 E_i。

基层和垫层材料回弹模量经验参考值范围 表 5-6

材料类型	回弹模量(MPa)	材料类型	回弹模量(MPa)
中、粗砂	80 ~ 100	石灰粉煤灰稳定粒料	1300 ~ 1700
天然砂砾	150 ~ 200	水泥稳定粒料	1300 ~ 1700
未筛分碎石	180 ~ 220	沥青碎石(粗粒式,20℃)	600 ~ 800
级配碎砾石(垫层)	200 ~ 250	沥青混凝土(粗粒式,20℃)	800 ~ 1200
级配碎砾石(基层)	250 ~ 350	沥青混凝土(中粒式,20℃)	1000 ~ 1400
石灰土	200 ~ 700	多孔隙水泥碎石(水泥剂量 9.5% ~ 11%)	1300 ~ 1700
石灰粉煤灰土	600 ~ 900	多孔隙沥青碎石(20℃,沥青含量 2.5% ~ 3.5%)	600 ~ 800

(3)根据拟定的基层、垫层的厚度和已确定的回弹模量计算当量回弹模量。

$$E_t = ah_x^b E_0\left(\frac{E_x}{E_0}\right)^{1/3} \tag{5-8}$$

$$E_x = \frac{h_1^2 E_1 + h_2^2 E_2}{h_1^2 + h_2^2} \tag{5-9}$$

$$h_x = \left(\frac{12 D_x}{E_x}\right)^{1/3} \tag{5-10}$$

$$D_x = \frac{E_1 h_1^3 + E_2 h_2^3}{12} + \frac{(h_1 + h_2)^2}{4} \times \left(\frac{1}{E_1 h_1} + \frac{1}{E_2 h_2}\right)^{-1} \tag{5-11}$$

$$a = 6.22\left(1 - 1.51 \times \left(\frac{E_x}{E_0}\right)^{-0.45}\right) \tag{5-12}$$

$$b = 1 - 1.44 \times \left(\frac{E_x}{E_0}\right)^{-0.55} \tag{5-13}$$

式中:E_0——路床顶面的回弹模量,MPa;

E_x——基层和底基层或垫层的当量回弹模量,MPa;

h_1、h_2——基层和底基层或垫层的厚度,m;

E_1、E_2——基层和底基层或垫层的回弹模量,MPa;

h_x——基层和底基层或垫层的当量厚度,m;

a、b——与 E_x/E_0 有关的回归系数。

底基层和垫层同时存在时,可先按式(5-9)、式(5-10)、式(5-11)将底基层和垫层换算成具有当量回弹模量和当量厚度的单层,然后再与基层一起按上述各公式计算基层顶面当量回弹模量。无底基层和垫层时,相应层的厚度和模量分别以零值带入上述公式进行计算。

2.原有公路基层顶面的当量回弹模量 E_t 的计算

在原有柔性路面上铺筑水泥混凝土路面时,按式(5-14)确定基层顶面的当量回弹模量。

$$E_t = \frac{13739}{l_0^{1.04}} \tag{5-14}$$

式中:l_0——以后轴重 100kN 的车辆进行弯沉测定,经统计整理后得到的计算回弹弯沉值,0.01mm。

七、水泥混凝土面板的弯拉强度标准值和弯拉弹性模量

在设计水泥混凝土面板厚度时,应以弯拉强度为其设计标准。水泥混凝土的弯拉强度随龄期而增长,通常以 28d 龄期的弯拉强度为控制标准。各级交通等级要求的水泥混凝土设计弯拉强度标准值不得低于表 5-7 的规定。当混凝土浇筑后 90d 内不开放交通,则可采用 90d 龄期的弯拉强度(为 28d 弯拉强度的 1.1 倍)。

水泥混凝土的弯拉弹性模量的测试工作,既费时又不易准确,且其数值的变化对荷载应力计算结果影响不大。在无条件测试时,可直接采用表 5-7 中的弯拉弹性模量值。混凝土的弯拉弹性模量也可由经验关系式 $E_c = 1.44 f_r^{0.459} \times 10^4$(MPa)推算。

混凝土弯拉强度标准值和弯拉弹性模量 表 5-7

交通等级	特重	重	中等	轻
弯拉强度标准值 f_r(MPa)	5.0	5.0	4.5	4.0
弯拉弹性模量 E_c(GPa)	31	31	29	27

八、水泥混凝土面层内最大温度梯度标准值

水泥混凝土面层顶面和底面的温度之差除以板的厚度,称为板的温度梯度。

水泥混凝土面层的最大温度梯度标准值 T_g,可根据公路所在地的公路自然区划按表 5-8 选用。

最大温度梯度标准值 T_g 表 5-8

公路自然区划	II,V	III	IV,VI	VII
最大温度梯度(℃/m)	83 ~ 88	90 ~ 95	86 ~ 92	93 ~ 98

注:海拔高时,取高值;湿度大时,取低值。

第二节 水泥混凝土路面结构组合设计

一、路 基

通过水泥混凝土面层和基层传到路床顶面的荷载应力很小,一般不超过 0.05MPa。因此,混凝土板下不需要有坚强的土基支承。但是,路基出现不均匀变形时,混凝土面层与下卧层之间会出现局部脱空,面层应力由此增加,从而导致面层板的断裂。对路基的基本要求是,路基应稳定、密实和均质,给路面结构提供均匀的支承,即路基在环境和荷载作用下产生的不均匀变形要小。为控制路基的不均匀变形,必须在地基、填料压实等方面采取相应的措施。

高液限黏土及含有机质细粒土,不能用作高速公路、一级公路的路床填料或二级以下公路

的上路床填料；高液限粉土及塑性指数大于 16 或膨胀率大于 3% 的低液限黏土，不能用作高速公路、一级公路的上路床填料。因条件限制而必须采用上述土做填料时，应掺加石灰或水泥等结合料进行改善。影响路基强度和稳定性的地面水和地下水，必须拦截或排出路基范围以外。地下水位高时，宜提高路堤设计标高。在设计标高受限制，未能达到中湿状态路基的临界高度时，应选用粗粒土或低剂量石灰（或水泥）稳定细粒土作路床或上路床填料；未能达到潮湿状态路基的临界高度时，除采用上述填料措施外，还应采取在边沟下设置排水渗沟等降低地下水位的措施。路基压实度应符合现行《公路路基设计规范》（JTG D30—2004）的有关规定。多雨潮湿地区，对于高液限黏土及塑性指数大于 16 或膨胀率大于 3% 的低液限黏土，宜采用由轻型压实标准确定的压实度，并在含水量略大于其最佳含水量时压实。

二、垫　　层

垫层主要设置在温度和湿度状况不良的路段上，以改善路面结构的使用性能。遇有下列情况时，需在基层下设置垫层：

(1)在季节性冰冻地区，为了防止不均匀冻胀，路面的总厚度小于表 5-9 要求的最小防冻厚度时，其差值应通过设置垫层补足。水泥混凝土路面最小防冻厚度的规定见表 5-9。

(2)水文地质条件不良的土质路堑，路床土湿度较大时，宜设置排水垫层。

(3)路基可能产生不均匀沉降或不均匀变形时，可加设半刚性垫层。

垫层材料的强度要求不一定要高，但其水稳性、隔热性能要好。垫层材料以就地取材为原则。防冻垫层和排水垫层一般采用颗粒材料（砂砾、中粗砂等）。半刚性垫层可采用低剂量无机结合料稳定粒料或土。

垫层的宽度应与路基同宽，其最小厚度为 15cm。

水泥混凝土路面最小防冻厚度（cm）　　表 5-9

路基干湿类型	路基土质	当地最大冰冻深度（m）			
		0.50～1.00	1.01～1.50	1.51～2.00	>2.00
中湿路基	低、中、高液限黏土	0.30～0.50	0.40～0.60	0.50～0.70	0.60～0.95
	粉土，粉质低、中液限黏土	0.40～0.60	0.50～0.70	0.60～0.85	0.70～1.10
潮湿路基	低、中、高液限黏土	0.40～0.60	0.50～0.70	0.60～0.90	0.75～1.20
	粉土，粉质低、中液限黏土	0.45～0.70	0.55～0.80	0.70～1.00	0.80～1.30

注：①冻深小或填方路段，或者基、垫层为隔温性能良好的材料，可采用低值；冻深大或挖方及地下水位高的路段，或者基、垫层为隔温性能稍差的材料，可采用高值。

②冻深小于 0.50m 的地区，一般不考虑结构层防冻厚度。

三、基　　层

水泥混凝土面层下设置基层，不仅为混凝土面层提供均匀而稳定的支承，且能防止唧泥、错台等病害，从而保证路面的整体性，延长路面的使用寿命。

对水泥混凝土面层下基层的首要要求是抗冲刷能力。不耐冲刷的基层表面，在渗入水和荷载的共同作用下，会产生唧泥、板底脱空和错台等病害，导致行车不舒适，并加速和加剧板的断裂。水泥混凝土面层下的基层还应具有一定的刚度。提高基层的刚度，有利于改善接缝的传荷能力。然而，其作用只能是在基层未受冲刷的前提下才能得到保证，同时，其效果不如在接缝内设置传力杆。此外，基层的断面应正确、表面应平整。

交通繁重程度影响到基层受冲刷的程度以及唧泥、错台出现的可能性和程度。各种基层具有不同的抗冲刷能力,它取决于基层材料中结合料的性质和含量,以及细料的含量。因此,基层类型宜按照交通等级选用。各交通等级的水泥混凝土面层下基层的类型见表5-10。

适宜各交通等级的基层类型 表5-10

交通等级	基层类型
特重交通	贫混凝土、碾压混凝土、沥青混凝土
重交通	水泥稳定粒料、沥青稳定碎石
中等或轻交通	水泥稳定粒料、石灰粉煤灰稳定粒料、级配粒料

湿润和多雨地区,路基为低透水性细粒土的高速公路、一级公路或者承受特重、重交通的二级公路,宜采用排水基层。排水基层可选用多空隙的开级配水泥稳定碎石、沥青稳定碎石或碎石,其空隙率约为20%。

基层的宽度与混凝土的摊铺方法有关,当采用小型机具施工时,基层的宽度应比混凝土面层每侧至少宽出30 cm;当采用轨模式摊铺机施工时,每侧至少宽出50cm;当采用滑模式摊铺机施工时,每侧至少宽出65cm。路肩采用混凝土面层,其厚度与行车道面层相同时,基层宽度宜与路基同宽。级配粒料基层的宽度也宜与路基同宽。

通过计算表明,提高基层的强度和刚度,对于降低面层的应力或减薄面层的厚度影响很小。所以,混凝土面层下的基层不必很厚。基层的厚度以满足形成结构层、方便施工(单层摊铺碾压)或排水要求为度。各类基层适宜的厚度见表5-11。表中所列厚度范围,按设计轴载数的多少和路床的强弱程度进行选择。

碾压混凝土和强度较高的贫混凝土基层会产生收缩裂缝,导致混凝土面层出现反射裂缝。因此,碾压混凝土基层应设置与混凝土面层相对应的接缝。贫混凝土基层在其弯拉强度超过1.8MPa时,应设置与混凝土面层相对应的横向缩缝;一次摊铺宽度大于7.5m时,应设置纵向缩缝。

各类基层适宜的厚度 表5-11

基层类型	厚度范围(cm)	基层类型	厚度范围(cm)
贫混凝土	12~20	沥青稳定碎石	8~10
碾压混凝土	12~20	水泥或石灰粉煤灰稳定粒料	15~25
沥青混凝土	4~6	级配粒料	15~20

承受特重或重交通时,通常选用刚度较大的贫混凝土、碾压混凝土、水泥稳定粒料、沥青混凝土或沥青稳定碎石作基层。当基层下未设垫层时,如上路床由细粒土或黏土质砂或级配不良砂组成,则基层与路床之间的刚度差过大,由此引起基层开裂,须在基层与路床间设置底基层。底基层可采用级配粒料、水泥或石灰粉煤灰稳定粒料,厚度一般为20 cm。

四、面　层

水泥混凝土面层应具有足够的强度、耐久性,表面抗滑、耐磨、平整。耐久性主要指混凝土的抗冻性。

面层一般采用设接缝的普通混凝土。面层板通常采用纵向接缝同横向接缝垂直相交的矩形。纵缝两侧的横缝应对接上,不得相互错位,以避免纵缝处两侧板块粘连时由于纵向相对位移受阻而使横缝两侧的板块出现横向感应裂缝。在横缝不设传力杆的中等和轻交通路面上，横缝也可设置成与纵缝斜交，使车轴两侧的车轮不同时作用在横缝的一侧，从而减少轴载对横缝的影响，但横缝的斜率不应使板的锐角小于75°。

纵向接缝间距（即板宽）通常按车道宽度确定。现行的《公路水泥混凝土路面设计规范》（JTG D40—2002）规定板宽在3.0～4.5m范围内确定。

横向接缝间距（即板长）大小影响板内温度应力、接缝缝隙宽度和接缝传荷能力。普通混凝土面层板的横缝间距一般采用4～6m。板块宜尽可能接近正方形，以改善其受力状况。一般将板宽和板长之比控制在1:1.3之内，平面尺寸不宜大于25m²。

在进行路面结构组合设计及初拟面层厚度时，各交通等级下的水泥混凝土面板初估厚度参照表5-12所列范围选取，板的最小厚度为18cm。在各级面层厚度参考范围内，标准轴载作用次数多、变异系数大、最大温度梯度大或者基、垫层厚度小或者模量值低时，取高值。

水泥混凝土面板厚度的参考范围（cm） 表5-12

交通等级	特重				重				中等				轻	
公路等级	高速	一级		二级	高速	一级		二级	二级		三、四级		三、四级	
变异水平等级	低	中	低	中	低	中	低	中	高	中	高	中	高	中
面层厚度	≥26	≥25	≥24		24～27	23～26	22～25		21～24	20～23		20～22	≤23	≤22

五、路面横向坡度与路肩铺面

混凝土路面横断面形式如图5-1所示。路肩铺面结构应具有一定的承载能力，其结构层组合和材料选用应与行车道路面相协调，并保证进入路面结构中水的排除。

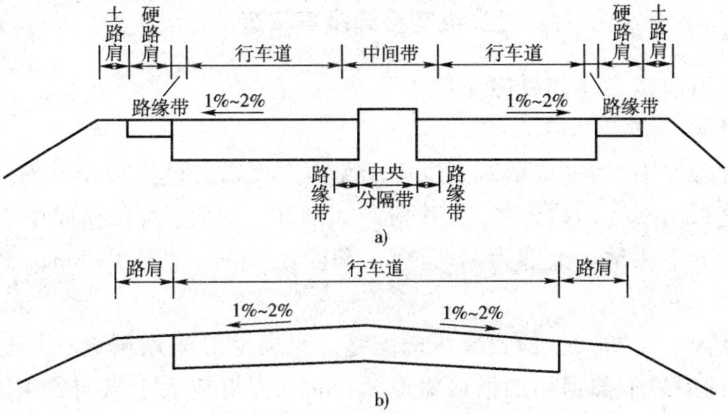

图5-1 混凝土路面横断面示意图

a)高速公路和一级公路；b)其他各级公路

行车道应设置双向或单向横坡，横向坡度一般采用1%～2%。路肩铺面的横向坡度值宜比行车道路面的横坡度值大1%～2%。

路肩铺面（不含路缘带）宜采用水泥混凝土面层或沥青面层。路肩水泥混凝土面层的厚度通常采用与行车道面层等厚，其基层宜与行车道基层相同。选用薄面层时，其厚度不宜小于15cm，基层应采用开级配粒料。

路肩铺面采用沥青面层时，宜选用密实型沥青混合料。其基层可选用无机结合料稳定粒料或级配粒料。行车道路面结构不设内部排水设施时，沥青面层和不透水基层的总厚度不宜超过行车道面层的厚度，基层下应选用透水粒料填筑。

第三节　普通水泥混凝土路面的接缝与特殊部位配筋

一、接缝设置的原因

水泥混凝土面层板热胀冷缩的性质比较显著。由于一年四季气温的变化，混凝土面层板会产生不同程度的膨胀和收缩。就是在一昼夜中，也会产生不同的温度变形。白天气温升高，混凝土面层板顶面温度较底面温度高，这种温度坡差会造成面板的中部隆起。夜间气温降低，混凝土面层板顶面温度较底面温度低，会使面板的周围或角隅翘起。这些变形将受到面板和基础之间的摩阻力、黏结力的约束，以及面板自重、车轮荷载的约束，致使面板内产生过大的温度应力（收缩应力和翘曲应力），可能引起混凝土面层板的裂缝或拱胀破坏。

水泥混凝土面层板内产生的温度应力的大小与面板的尺寸密切相关。为了避免水泥混凝土面层板产生不规则的收缩裂缝或拱胀破坏，不得不在纵横向设置许多接缝，把整个路面分割成许多板块，如图 5-2 所示。接缝的设计应能控制收缩应力和翘曲应力所引起的裂缝，并且通过接缝提供足够的荷载传递；同时，要防止坚硬的杂物落入接缝缝隙内。混凝土路面的接缝可分为纵缝和横缝两大类。与路线中线平行的接缝称为纵缝，与路线中线垂直的接缝称为横缝。

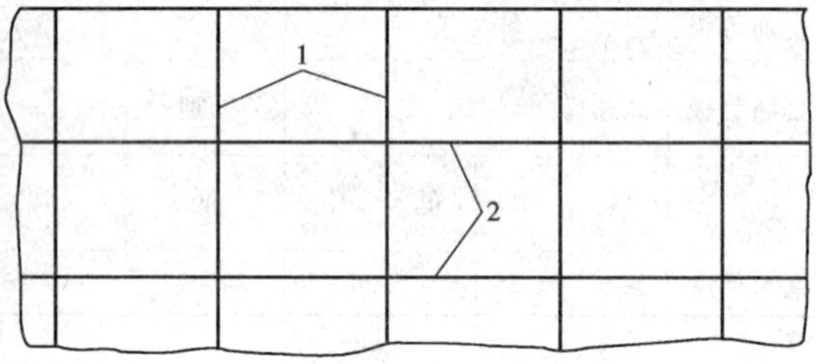

图 5-2　路面接缝

1-横缝；2-纵缝

二、纵向接缝及其构造

纵向接缝分为纵向施工缝和纵向缩缝。

1.纵向施工缝

由于施工条件等原因，当一次铺筑宽度小于路面宽度需分两次以上浇筑时，应设置纵向施工缝。纵向施工缝采用平缝加拉杆形式，其构造如图 5-3a）所示。在板厚中央设置拉杆，以防止接缝张开和板的上下错动。上部为锯切槽口，深度 3～4cm，宽度 3～8mm，槽内灌塞填缝料。

2.纵向缩缝

一次铺筑宽度大于 4.5m 时，应设置纵向缩缝。纵向缩缝采用假缝加拉杆形式，其构造如图 5-3b）所示。纵向缩缝上部锯切的槽口宽度 3～8mm，深度应大于纵向施工缝槽口深度，以保证混凝土在干缩或温缩时能在槽口下位置处开裂。否则，会由于缩缝处截面强度大于缩缝区外无拉杆的混凝土强度，导致缩缝区外的混凝土板出现纵向断裂。采用粒料基层时，槽口深度应为板厚的 1/3；采用半刚性基层时，槽口深度应为板厚的 2/5。

纵缝应与路线中线平行。在路面等宽的路段内或路面变宽路段的等宽部分，纵缝的间距和形式应保持一致。在路面变宽路段，把加宽部分作为向外接出的路面进行纵缝布置，以纵向施工缝隔开。加宽板在变宽段起终点处的宽度不应小于 1m。

三、横向接缝及其构造

横向接缝分为横向施工缝、横向缩缝和横向胀缝。

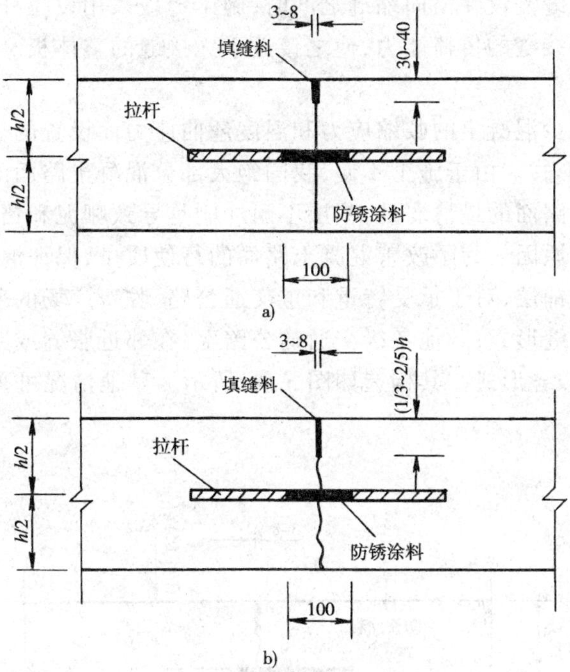

图 5-3　纵缝构造(尺寸单位:mm)

a)纵向施工缝;b)纵向缩缝

1.横向施工缝

每日施工结束,或浇筑混凝土过程中因临时原因中断浇筑时,应设置横向施工缝。原则上,横向施工缝应尽可能少设。如需设置,其位置宜设在缩缝或胀缝处。设在缩缝处的施工缝应采用平缝加传力杆形式,其构造如图 5-4a)所示;设在胀缝处的施工缝,其构造与胀缝相同。

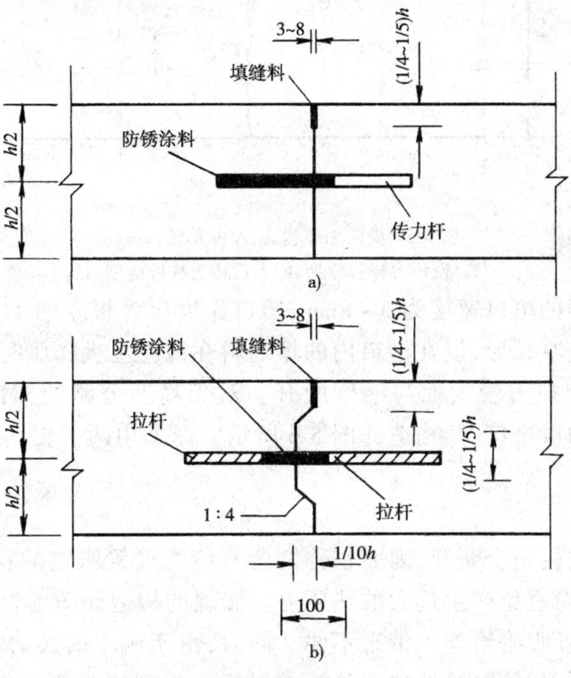

图 5-4　横向施工缝构造(尺寸单位:mm)

a)设传力杆平缝型;b)设拉杆企口缝型

遇有困难情况横向施工缝需设在横向缩缝之间时，施工缝应采用设拉杆的企口缝形式，其构造如图 5-4b)所示，可提高接缝的传荷能力，使之接近于无接缝的整体板。

2.横向缩缝

横向缩缝是为了减少混凝土的收缩应力和温度翘曲应力而设置的。横向缩缝可等间距或变间距布置，采用假缝形式。由于施工不便，我国绝大部分混凝土路面的横向缩缝均未设传力杆。横向缩缝是混凝土路面的最薄弱处，基层不耐冲刷是导致唧泥和错台病害的原因，接缝传荷能力差也是一个重要原因。为了改善混凝土路面的行使质量，保证混凝土路面的使用寿命，便于在使用后期铺设加铺层，对于承受特重和重交通公路、收费广场的普通混凝土面层的横向缩缝应采用设传力杆假缝形式；其他各级交通的公路上，在邻近胀缝或路面自由端部的三条横向缩缝，采用设传力杆假缝形式。其构造如图 5-5a)所示。其他情况可采用不设传力杆假缝形式，其构造如图 5-5b)所示。

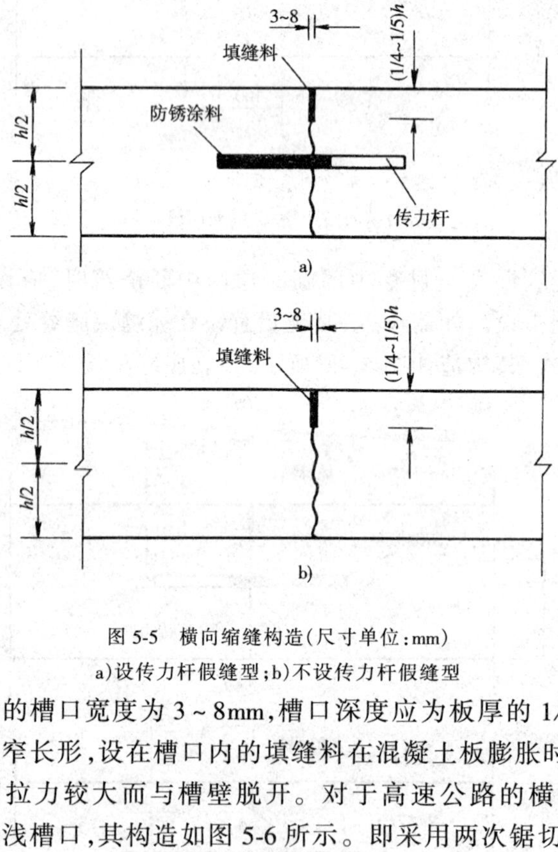

图 5-5　横向缩缝构造(尺寸单位：mm)

a)设传力杆假缝型；b)不设传力杆假缝型

横向缩缝上部锯切的槽口宽度为 3 ~ 8mm，槽口深度应为板厚的 1/5 ~ 1/4，槽内灌塞填缝料。一次锯切的槽口呈窄长形，设在槽口内的填缝料在混凝土板膨胀时容易被挤出路表面，且在混凝土板收缩时易因拉力较大而与槽壁脱开。对于高速公路的横向缩缝，槽口宜增设深 20mm、宽度 6 ~ 10mm 的浅槽口，其构造如图 5-6 所示。即采用两次锯切槽口，以保证接缝填封效果和行使质量。

3.横向胀缝

在胀缝处混凝土面板完全断开，因而也称之为真缝。设置胀缝的目的是为混凝土板的膨胀提供伸长的余地，从而避免产生过大的热压力。胀缝的构造如图 5-7 所示。

应当指出的是，设置胀缝给施工带来不便。同时，由于施工时传力杆设置不当(未能正确定位)，或封缝不好等原因，使胀缝处的混凝土面层板常出现碎裂等病害。根据经验和观测资料，应少设(加大胀缝间距)或不设(仅在同结构物交接处设)胀缝，一方面便利施工，另一方面约束了板的位移,减少了接缝缝隙,使传荷能力增加,错台、碎裂和拱起等病害减少。因此,胀缝宜尽量不设或少设。但在邻近桥梁或其他固定构筑物处或与其他道路相交处应设置横向胀缝。设置的胀缝条数,视膨胀量的大小而定。实际工作中,依据对膨胀量的估计来决定需要设置几条胀缝。低温浇筑混凝土面层或选用膨胀性高的集料时,宜酌情确定是否设置胀缝。胀缝宽 20mm,缝内下部设置填缝板,中间设可滑动的传力杆,上部 30 ~ 40mm 深灌塞填缝料。在传力杆一半以上长度的表面涂敷沥青膜,外面再套 0.4mm 厚的聚乙烯膜。涂敷沥青膜的一端还要加一个金属套,内留 30mm 空隙,填以泡沫塑料或纱头。带套的杆端在相邻板交错布置。传力杆应在基层预定位置上设置钢筋支架予以固定。

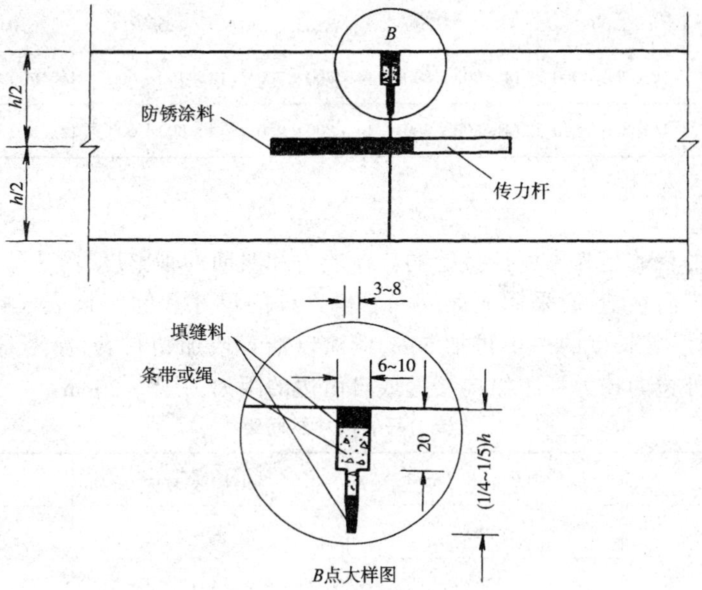

图 5-6　浅槽口构造(尺寸单位:mm)

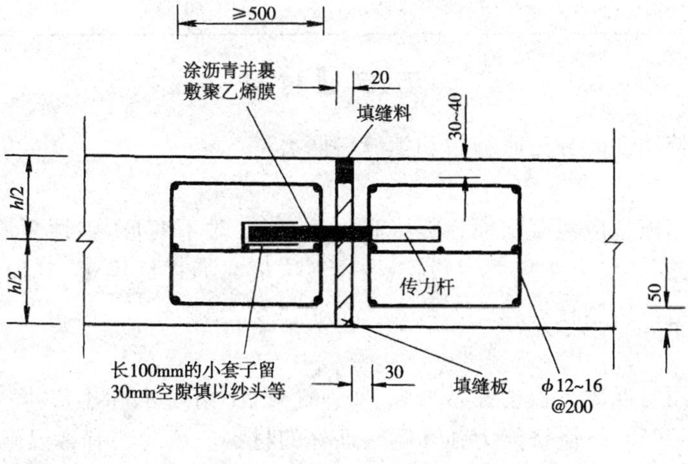

图 5-7　胀缝构造(尺寸单位:mm)

四、拉杆和传力杆

1.拉杆

拉杆是为了防止板块位移(主要是横向位移)而设置在接缝处的异形钢筋。拉杆应采用螺纹钢筋,设在板厚的中央,并应对拉杆中部10cm范围内进行防锈处理。拉杆的直径、长度和间距可按表5-13选用。施工布设时,拉杆间距应按横向接缝的实际位置予以调整,其最外边的拉杆距横向接缝或自由边的距离不得小于10cm。

拉杆直径、长度及间距(mm)　　表5-13

面层厚度(cm)	到自由边或未设拉杆纵缝的距离(m)					
	3.00	3.50	3.75	4.50	6.00	7.50
20~25	14×700×900	14×700×800	14×700×700	14×700×600	14×700×500	14×700×400
26~30	14×800×900	14×800×800	14×800×700	14×800×600	14×800×500	14×800×400

注:表中的数字为直径×长度×间距。

2.传力杆

传力杆设置的目的是为了保证接缝的传荷能力和路面的平整度,防止错台等病害的产生。传力杆主要用于横向接缝,应采用光面钢筋。传力杆的尺寸和间距按表5-14选用,对设在横向缩缝处的传力杆,其长度的一半再加5cm,应涂以沥青或加塑料套,涂沥青端宜在相邻板中交错布置。其最外边的传力杆距纵向接缝或自由边的距离为15~25cm。

传力杆的尺寸及间距　　表5-14

面板厚(cm)	传力杆直径(mm)	最小长度(cm)	最大间距(cm)
22	28	40	30
24	30	40	30
26	32	45	30
28	35	45	30
30	38	50	30

五、接缝材料

接缝材料按使用性能分为胀缝板和填缝料两类。

1.胀缝板

胀缝板应选用能适应混凝土面板膨胀和收缩、施工时不变形、弹性复原率高、耐久性良好的材料。高速公路、一级公路宜采用塑胶、橡胶泡沫板或沥青纤维板,其他公路可采用各种胀缝板,如杉木板、泡沫树脂板等。

2.填缝料

填缝料应选用与混凝土板壁黏结力强、回弹性好、不溶于水和不渗水、高温时不易挤出和不流淌、低温时不脆裂、抗嵌挤能力强和耐久性好的材料。填缝料有常温施工式和加热施工式两种。常温施工式填缝料主要有:聚(氨)酯、硅树脂类、氯丁橡胶、沥青橡胶类等;加热施工式填缝料主要有:沥青玛蹄脂类、聚氯乙烯胶泥类、改性沥青类等。高速公路、一级公路应优先选用树脂类、橡胶类或改性沥青类填缝材料。

六、交叉口接缝布设

布设交叉口的接缝时，不能将交叉口孤立出来进行。应先分清相交道路的主次，保持主要道路的接缝位置和形式全线贯通。

1.两条道路平面正交

各条道路的直道部分均保持本身纵缝的连贯，而相交路段内的各条道路的横缝位置应按相对道路的纵缝间距作相应变动，保证两条道路的纵横缝垂直相交，互不错位。

2.两条道路平面斜交

主要道路的直道部分保持纵缝的连贯，而相交路段内的横缝位置应按次要道路的纵缝间距作相应变动，保证与次要道路的纵缝相连接。

相交道路弯道加宽部分的接缝布置，应不出现或少出现错缝和锐角板。在次要道路弯道加宽段的起、终点断面处的横向接缝，应采用胀缝形式。膨胀量大时，应在直线段连续布置2～3条胀缝。

七、端部处理

1.混凝土路面与固定构造物相衔接

混凝土路面与固定构造物相衔接处应设置胀缝。当胀缝无法设置传力杆时，可在毗邻构造物的板端部配置双层钢筋网，或在长度约为6～10倍板厚的范围内逐渐将板厚增加至20%。

2.混凝土路面与沥青路面相接

在混凝土路面与沥青路面相接处，由于沥青面层难以抵御混凝土面层的膨胀推力，容易出现沥青面层的推移拥起。因此，混凝土路面与沥青路面相接时，其间应设置不少于3m的过渡段。过渡段的路面采用两种路面呈阶梯状叠合布置，其下面铺设的变厚度混凝土过渡板，其厚度不得小于200mm，如图5-8所示。过渡板与混凝土面层相接处的接缝内设置直径25cm，长70cm，间距40cm的拉杆。混凝土面层毗邻该接缝的1～2条横向接缝应设置胀缝。

3.混凝土路面与桥梁相接

桥头设置搭板时，应在搭板与混凝土面层板之间设置钢筋混凝土面层进行过渡，其长度为6～10m，搭板与钢筋混凝土面层板之间的接缝采用设置拉杆平缝形式；钢筋混凝土面层板与混凝土面层之间采用设置传力杆胀缝的形式。如图5-9所示。膨胀量大时，应连续布置2～3条传力杆胀缝。当桥梁为斜交时，钢筋混凝土面层板的锐角部分应采用钢筋网进行补强。

桥头未设置搭板时，宜在桥台与混凝土面层之间设置钢筋混凝土面层板，其长度为10～15m；或桥头铺筑一段混凝土预制块面层或沥青面层作为过渡段，其长度不小于8m。

八、特殊部位配筋

1.边缘钢筋

当混凝土面层自由边缘下的基础薄弱或接缝为未设传力杆的平缝时，有可能产生较大的变形，可在面层板边缘下部加设补强钢筋。通常选用2根直径为12～16 mm的螺纹钢筋，布置在面板底面之上1/4板厚处，并距面板底面的距离不应小于5 cm，间距一般为10 cm，钢筋两端向上弯起，保护层的最小厚度不应小于5 cm，如图5-10所示。

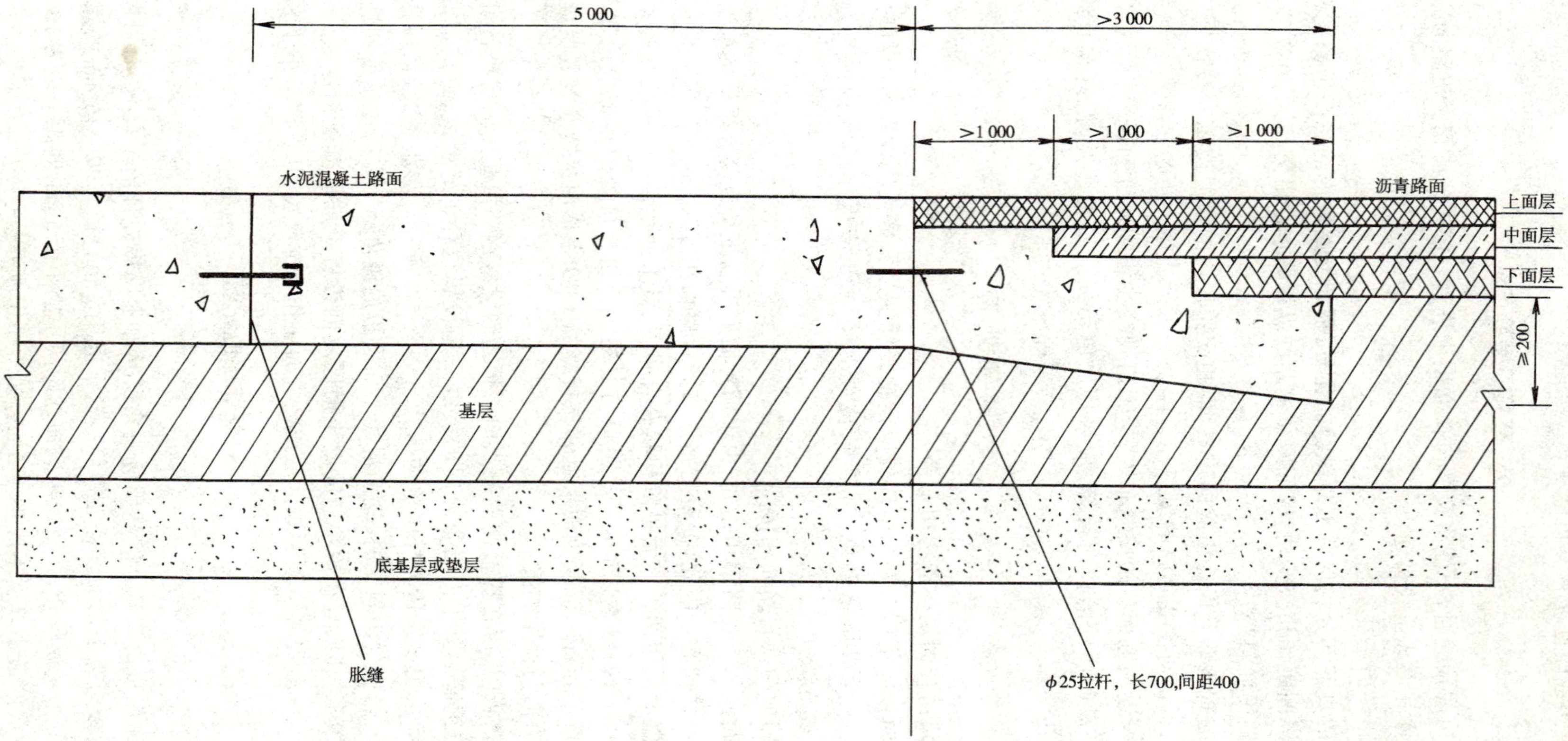

图 5-8　混凝土路面与沥青路面相接段的构造布置(尺寸单位:mm)

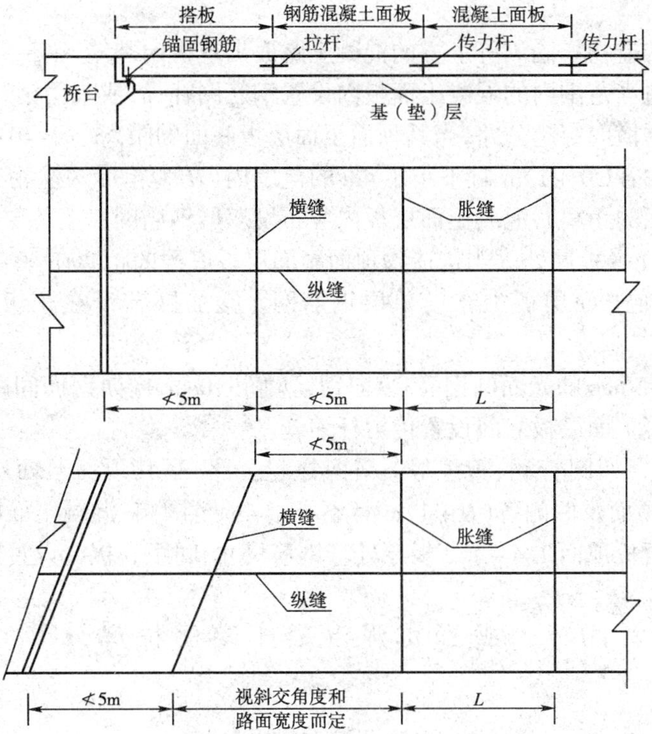

图 5-9　混凝土路面与桥梁相接的处理

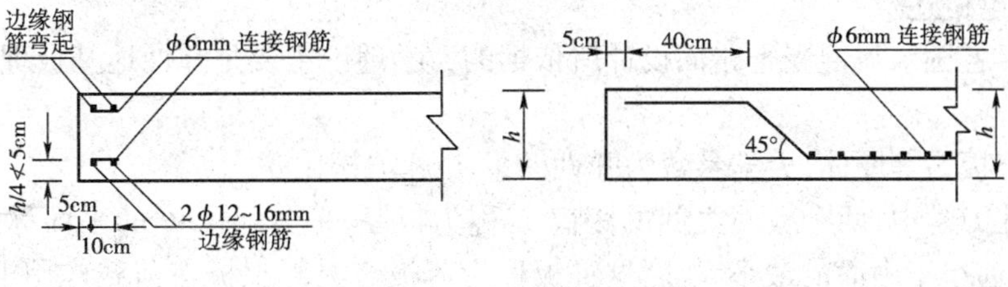

图 5-10　边缘钢筋布置

2.角隅钢筋

承受特重交通的胀缝、施工缝和自由边的面层角隅及锐角面层角隅，宜配置角隅补强钢筋。通常选用2根直径为12～16 mm的螺纹钢筋，布置在板的上部，距板顶不应小于5 cm，距板边缘为10 cm，如图5-11所示。

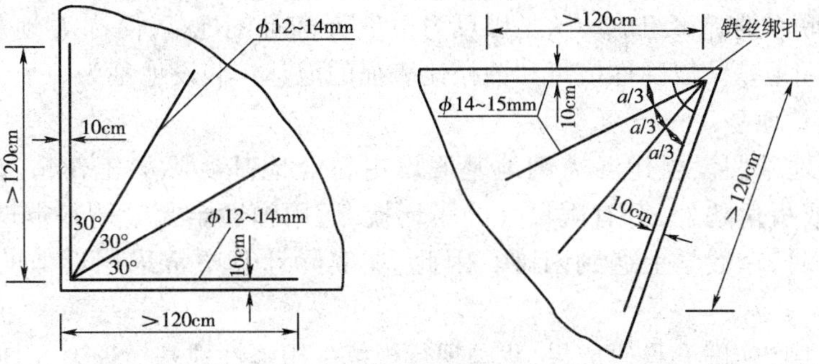

图 5-11　角隅钢筋布置

3.构造物横穿公路

为了防止过路构造物如涵洞等上方的混凝土路面出现横向裂缝、错台和跳车等现象，应在构造物顶部及两侧适当范围内的混凝土面板内设置钢筋网补强，或采用钢筋混凝土面层板。

对于箱形构造物横向穿越公路，当其顶面至面层板底面的距离小于 40 cm 或嵌入基层时，在构造物顶面及两侧各$(H+1)$m 且不小于 4m 的范围内（H 为箱形构造物行车道或涵底顶面距混凝土面层板底面的距离），混凝土面层板内应布设双层钢筋网。上下层钢筋网分别布设在距板顶和板底 1/4 ~ 1/3 板厚处。当构造物顶面至面层板底面的距离在 40 ~ 120 cm 时，则在上述长度范围内的混凝土面层板中布设单层钢筋网。钢筋网布设在距板顶面 1/4 ~ 1/3 板厚处。

钢筋直径采用 12 mm 的光面圆钢筋，纵向钢筋间距 10cm，横向钢筋间距 20cm。配筋混凝土面层板与相邻混凝土面层板之间设置传力杆缩缝。

对于管状构造物（如圆管涵、管线等）横向穿越公路，当其顶面至面层板底的距离小于 120cm 时，在构造物顶面及两侧各$(H+1)$m 且不小于 4m 范围内，混凝土面板内布设单层钢筋网。钢筋网布设在距板顶面 1/4 ~ 1/3 板厚处。钢筋尺寸、间距和接缝设置同上所述。

第四节　普通水泥混凝土路面板厚计算

一、设计理论与应力分析

1.设计理论概述

目前，世界各国水泥混凝土路面设计所依据的力学理论主要是弹性地基板理论，其基本假定如下：

(1)混凝土板为等厚体，力学参数为弹性模量 E 和泊松比μ。

(2)在弹性力学中，两个板面之间的距离 h 称为板厚，平分厚度 h 的平面称为板的中面。如果板的厚度远小于中面的最小尺寸，这种板称为薄板。混凝土板在荷载作用下产生的弯曲变形远小于板的厚度，又称之为小挠度薄板。一般采用小挠度薄板理论进行分析。

(3)地基对板仅有竖向反力，即地基和板之间无摩阻力。同时，地基和面板存在着完全的接触，即板面和地基表面的竖向位移是相同的。

(4)地基顶面的挠度与反力之间的关系有如下两种不同的假说：

①温克勒地基。假设地基上任一点的反力仅同该点的挠度成正比，而与其他点无关，即地基相当于由互不联系的弹簧组成。这是以反力模量 K 表征的地基，简称 K 地基。

②弹性半空间地基。以弹性模量和泊松比表征的地基。假设地基为一个各向同性的弹性半无限体。简称 E 地基。

弹性半空间地基假设要比温克勒地基假设更符合地基实际的工作情况。但在荷载作用于板边、板中或板角隅处，对有限尺寸的矩形板，运用弹性半无限地基板理论计算相应位置的挠度和弯矩时，在数学上遇到困难。因此，在实际计算中常采用近似的数值计算方法——有限元法。

根据我国的生产实践和科研成果，我国现行规范采用弹性地基板理论，而地基模型则采用以弹性模量和泊松比表征的弹性半空间地基假说。

路面厚度的设计方法有经验法和解析法两大类。经验法是以足尺试验路为基础，经过长期的观测建立起标准轴载作用次数、路面结构厚度和使用性能之间的经验公式，如美国的AASHO法。解析法则是以结构分析为基础，利用弹性地基板理论来解算荷载应力，并以疲劳开裂作为路面破坏临界状态，如美国的PCA法。我国目前仍采用解析法。并以设计基准期末期混凝土面层板出现疲劳断裂为临界状态作标准。

2.临界荷位

混凝土路面设计是以荷载应力和温度应力产生的综合疲劳损坏作为设计标准。临界荷位是指产生荷载应力、温度应力的合成应力为最大值时标准轴载作用的位置。现行的《公路水泥混凝土路面设计规范》选取混凝土板的纵向边缘中部（纵缝边缘中部）作为产生最大荷载和温度梯度综合疲劳损坏的临界荷位，如图5-12所示。

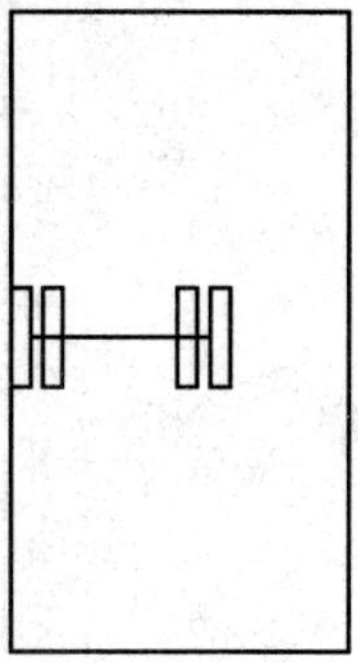

图5-12　临界荷位图

3.荷载疲劳应力计算

标准轴载 P_s 作用于临界荷位时，板内产生的荷载疲劳应力按式（5-15）确定。

$$\sigma_{pr} = k_r k_f k_c \sigma_{ps} \tag{5-15}$$

式中：σ_{pr}——标准轴载 P_s 在临界荷位处产生的荷载疲劳应力，MPa；

σ_{ps}——标准轴载 P_s 在四边自由板的临界荷位处产生的荷载应力，MPa；

k_r——考虑接缝传荷能力的应力折减系数；

k_f——考虑设计基准期内荷载应力累计疲劳作用的疲劳应力系数；

k_c——考虑偏载和动载等因素对路面疲劳损坏影响的综合系数。

1）σ_{ps}的计算

标准轴载 P_s 在四边自由板的临界荷位处产生的荷载应力按式（5-16）计算。

$$\sigma_{ps} = 0.077 r^{0.60} h^{-2} \tag{5-16}$$

式中：r——混凝土板的相对刚度半径，m，$r = 0.537 h \left(\frac{E_c}{E_t}\right)^{1/3}$；

h——混凝土板的厚度，m；

E_c——水泥混凝土的弯拉弹性模量，MPa；

E_t——基层顶面当量回弹模量，MPa。

2）k_r 值确定

接缝传荷能力的应力折减系数与纵缝的形式有关。当纵缝为设拉杆的平缝时，k_r = 0.87～0.92（刚性和半刚性基层取低值，柔性基层取高值）；当纵缝为不设拉杆的平缝或自由边时，$k_r = 1.0$；当纵缝为设拉杆的企口缝时，$k_r = 0.76 \sim 0.84$。

3）k_f 的计算

对于普通混凝土面层板，设计基准期内的荷载疲劳应力系数按式（5-17）计算。

$$k_f = N_e^{0.057} \tag{5-17}$$

4.温度应力计算

混凝土面层板内的温度沿其截面呈非线形分布。一方面，由于板顶和板底的温度差使混凝土面板内产生翘曲应力；另一方面，由于板截面的平面变形产生内应力。在临界荷位处的温度疲劳应力按式(5-18)确定。

$$\sigma_{tr} = k_t \cdot \sigma_{tm} \tag{5-18}$$

式中：σ_{tm}——最大温度梯度时混凝土面板的温度翘曲应力，MPa；

k_t——考虑温度应力累计疲劳作用时疲劳应力系数。

1)σ_{tm}的计算

最大温度梯度时混凝土面板的温度翘曲应力按式(5-19)计算。

$$\sigma_{tm} = \frac{\alpha_c E_c h T_g}{2} B_x \tag{5-19}$$

式中：α_c——混凝土的线膨胀系数，1/℃，通常可取为 1×10^{-5}/℃；

T_g——最大温度梯度；

B_x——综合温度翘曲应力和内应力作用的温度应力系数，按 l/r 和 h(l 为板长，即横缝间距，m)查图 5-13 确定。

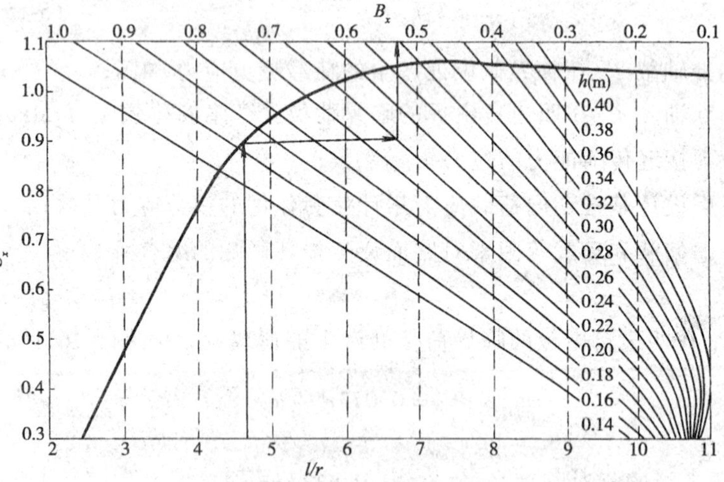

图 5-13 温度应力系数 B_x 图

2) k_t 的确定

混凝土的温度疲劳应力系数按式(5-20)计算。

$$k_t = \frac{f_r}{\sigma_{tm}}\left[a\left(\frac{\sigma_{tm}}{f_r}\right)^c - b\right] \tag{5-20}$$

式中：a、b 和 c——回归系数，按所在地区的公路自然区划查表 5-15 确定。

回归系数 *a*、*b* 和 *c* 表 5-15

系数	公路自然区划					
	II	III	IV	V	VI	VII
a	0.828	0.855	0.841	0.871	0.837	0.834
b	0.041	0.041	0.058	0.071	0.038	0.052
c	1.323	1.355	1.323	1.287	1.382	1.270

5.水泥混凝土路面结构设计要求

水泥混凝土路面结构设计以行车荷载和温度梯度综合作用下产生的疲劳断裂作为设计的极限状态,其表达式为:

$$\gamma_r(\sigma_{pr}+\sigma_{tr})\leqslant f_r \tag{5-21}$$

式中:γ_r——可靠度系数,依据所选目标可靠度及变异水平等级按表5-16确定;

σ_{pr}——行车荷载疲劳应力,MPa;

σ_{tr}——温度梯度疲劳应力,MPa;

f_r——水泥混凝土弯拉强度标准值,MPa。

可靠度系数 表5-16

变异水平	目标可靠度(%)			
	95	90	85	80
低	1.20~1.33	1.09~1.16	1.04~1.08	—
中	1.33~1.50	1.16~1.23	1.08~1.13	1.04~1.07
高	—	1.23~1.33	1.13~1.18	1.07~1.11

注:变异系数低时取低值,变异系数高时取高值。

二、普通混凝土面层板厚的计算步骤

1.选定基础设计依据

以根据公路等级选定的水泥混凝土路面结构设计安全等级、设计基准期 t、目标可靠度、变异水平等级、可靠度系数 γ_r 等作为设计依据。

2.交通分析

利用当地交通量观测站和统计资料,或者通过设立站点进行交通量观测,获取所设计公路的初期年平均日交通量(双向)和车辆组成数据(车型、轴型和轴载组成),通过调查分析,预估设计基准期内的交通增长量,确定交通量的年平均增长率 g_r。

计算设计车道在设计基准期内的标准轴载累计作用次数 N_e,确定交通等级。

3.初拟路面结构

根据公路等级、交通等级和变异水平等级初拟普通混凝土面层厚度;根据当地材料供应情况和路基干湿类型选择基层、垫层材料类型和厚度;确定混凝土面板平面尺寸(板长、板宽);选择接缝类型。

4.确定路面材料参数

查表确定水泥混凝土面层的弯拉强度标准值 f_r 及弯拉弹性模量 E_c;基层、垫层材料的回弹模量 E_i;土基的回弹模量 E_0;计算基层顶面的当量回弹模量 E_t。

5.计算荷载疲劳应力

计算标准轴载在临界荷位处的荷载应力 σ_{ps};计算荷载疲劳应力 σ_{pr}。

6.计算温度疲劳应力

计算最大温度梯度 T_g 时混凝土板的温度翘曲应力 σ'_{tm};计算温度疲劳应力 σ_{tr}。

7.判断水泥混凝土路面结构设计是否满足要求

检验 σ_{pr}与 σ_{tr}之和是否满足 $\gamma_r(\sigma_{pr}+\sigma_{tr})\leqslant f_r$ 的要求。如满足,则初估厚度可以作为设计板厚。如不满足,则重新拟定路面结构(调整面板初拟厚度或基层材料类型及厚度),重复第 3 步以下的计算,直到上述要求满足为止。设计厚度取整到 cm。

8.验算水泥混凝土路面防冻厚度

对于季节性冰冻地区的中湿、潮湿路基,路面的总厚度小于最小防冻厚度时,应加设垫层(无垫层时)补足或增加底基层的厚度。

三、计 算 示 例

公路自然区划 II_5 区拟新修建一条一级公路,路基为粉质土,采用普通水泥混凝土路面,行车道宽 2×7.5m,两侧硬路肩宽 2×1.5m,不设中间分隔带。经交通调查得知,设计车道使用初期标准轴载日作用次数为 1500,交通量年平均增长率为 6%。当地水泥、石灰、碎石等材料供应充足,试设计该水泥混凝土路面。

解:1.交通分析

由表 5-1 可知,一级公路的设计基准期为 30 年,安全等级为二级。查表 5-2,临界荷位处的车辆轮迹横向分布系数取 0.22。

设计基准期内设计车道标准荷载累计作用次数为:

$$N_e=\frac{N_s\times[(1+g_r)^t-1]\times365}{g_r}\eta=\frac{1500\times[(1+0.06)^{30}-1]\times365}{0.06}\times0.22$$

$$=9.522\times10^6\text{ 次}$$

与表 5-3 对照,属重交通等级。

2.初拟路面结构

查表 5-1,取相应于安全等级的变异水平等级为中级。根据一级公路、重交通等级和中级变异水平等级,查表 5-12,初拟普通混凝土面层厚度为 0.24m。普通混凝土面板的平面尺寸采用宽 4.5m,长 5.0m。纵缝为设拉杆平缝,横缝为设传力杆的假缝。

根据当地材料供应情况,基层选用水泥稳定碎石(水泥剂量取 5%),厚 0.20m。垫层选用 0.15m 厚的石灰土(石灰剂量取 10%)。

3.路面材料参数确定

查表 5-5,路基回弹模量取 25MPa。查表 5-6,石灰土垫层回弹模量取 600 MPa,水泥稳定碎石基层回弹模量取 1300MPa。查表 5-7,普通混凝土面层的弯拉强度标准值为 5.0MPa,相应弯拉弹性模量标准值为 31GPa。

4.计算基层顶面当量回弹模量

$$E_x=\frac{h_1^2E_1+h_2^2E_2}{h_1^2+h_2^2}=\frac{1300\times0.20^2+600\times0.15^2}{0.20^2+0.15^2}=1048(\text{MPa})$$

$$D_x=\frac{E_1h_1^3+E_2h_2^3}{12}+\frac{(h_1+h_2)^2}{4}\left(\frac{1}{E_1h_1}+\frac{1}{E_2h_2}\right)^{-1}$$

$$=\frac{1300\times0.20^3+600\times0.15^3}{12}+\frac{(0.20+0.15)^2}{4}\left(\frac{1}{1300\times0.20}+\frac{1}{600\times0.15}\right)^{-1}$$

$$= 3.083(\text{MN}\cdot\text{m})$$

$$h_x = \sqrt[3]{12D_x/E_x} = \sqrt[3]{12\times 3.083/1048} = 0.328(\text{m})$$

$$a = 6.22\left[1 - 1.51\left(\frac{E_x}{E_0}\right)^{-0.45}\right] = 6.22\times\left[1 - 1.51\times\left(\frac{1048}{25}\right)^{-0.45}\right] = 4.471$$

$$b = 1 - 1.44\left(\frac{E_x}{E_0}\right)^{-0.55} = 1 - 1.44\times\left(\frac{1048}{25}\right)^{-0.55} = 0.815$$

$$E_t = ah_x^b E_0\left(\frac{E_x}{E_0}\right)^{1/3} = 4.471\times 0.328^{0.815}\times 25\times\left(\frac{1048}{25}\right)^{1/3} = 156(\text{MPa})$$

普通混凝土面层的相对刚度半径为：

$$r = 0.537h\left(\frac{E_c}{E_t}\right)^{1/3} = 0.537\times 0.24\times\left(\frac{31000}{156}\right)^{1/3} = 0.752(\text{m})$$

5.荷载疲劳应力

标准轴载在临界荷位处产生的荷载应力为：

$$\sigma_{ps} = 0.077r^{0.6}h^{-2} = 0.077\times 0.752^{0.6}\times 0.24^{-2} = 1.127(\text{MPa})$$

因纵缝为设拉杆平缝，接缝传荷能力的应力折减系数 $k_r = 0.87$。考虑设计基准期内荷载应力累计疲劳作用的疲劳应力系数 $k_f = N_e^{0.057} = (9.522\times 10^6)^{0.057} = 2.499$。

根据公路等级，查表 5-4 得，考虑偏载和动载等因素对路面疲劳损坏影响的综合系数 $k_c = 1.25$。

荷载疲劳应力为：

$$\sigma_{pr} = k_r k_f k_c \sigma_{ps} = 0.87\times 2.499\times 1.25\times 1.127 = 3.06(\text{MPa})$$

6.温度疲劳应力

由表 5-8 可得，II_5 区最大温度梯度取 88℃/m。板长 5m，$l/r = 5/0.752 = 6.65$，由图 5-13 可查得，普通混凝土板厚 $h = 0.224\text{m}$，$B_x = 0.64$。

最大温度梯度时混凝土板的温度翘曲应力为：

$$\sigma_{tm} = \frac{\alpha_c E_c h T_g}{2}B_x = \frac{1\times 10^{-5}\times 31000\times 0.24\times 88}{2}\times 0.64 = 2.10(\text{MPa})$$

温度疲劳应力系数 k_t 为：

$$k_t = \frac{f_r}{\sigma_{tm}}\left[a\left(\frac{\sigma_{tm}}{f_r}\right)^c - b\right] = \frac{5.0}{2.10}\left[0.828\times\left(\frac{2.10}{5.0}\right)^{1.323} - 0.041\right] = 0.526$$

温度疲劳应力为：

$$\sigma_{tr} = k_t\sigma_{tm} = 0.526\times 2.10 = 1.10(\text{MPa})$$

7.判断水泥混凝土路面结构设计是否满足要求

查表 5-1 可知，安全等级为二级时，相应于二级安全等级的变异水平等级取中级，目标可靠度为 90%。据此查表 5-14，取可靠度系数 $\gamma_r = 1.16$。则：

$$\gamma_r(\sigma_{pr}+\sigma_{tr}) = 1.16\times(3.06+1.10) = 4.83\text{MPa} \leqslant f_r = 5.0\text{MPa}$$

所选普通混凝土面层厚度(0.24m)可以承受设计基准期内荷载应力和温度应力的综合疲劳作用。

当地最大冰冻深度小于0.5m,故不需要验算防冻厚度。

第五节　其他水泥混凝土路面

一、概　　述

其他混凝土路面包括钢筋混凝土路面、碾压混凝土路面、钢纤维混凝土路面和连续配筋混凝土路面等。面层板内配置纵、横向钢筋或钢筋网并设接缝的水泥混凝土路面称为钢筋混凝土路面。水泥和水的用量较普通混凝土路面显著减少的水泥混凝土混合料经摊铺,采用振动碾压成型的路面称为碾压混凝土路面。钢纤维混凝土路面是指在混凝土面层中掺入钢纤维的水泥混凝土路面。连续配筋混凝土路面是指面层内配置纵向连续钢筋和横向钢筋,横向不设缩缝的水泥混凝土路面。

其他混凝土路面面层板一般采用矩形,纵向和横向接缝应垂直相交,纵缝两侧的横缝不得相互错开。纵向接缝的间距按路面宽度在3.0~4.5m范围内确定。碾压混凝土、钢纤维混凝土面层在全幅摊铺时,可不设纵向缩缝。碾压混凝土、钢纤维混凝土面层的横向接缝间距一般为6~10m,钢筋混凝土面层的横向接缝间距一般为6~15m。

钢筋混凝土路面、碾压混凝土路面和连续配筋混凝土路面面层的厚度参考范围与普通混凝土面层相同。钢纤维混凝土路面面层的厚度按钢纤维掺量确定,钢纤维体积率为0.6%~1.0%时,其厚度为普通混凝土面层厚度的0.65~0.75倍;特重或重交通时,其最小厚度为16cm;中等或轻交通时,其最小厚度为14cm。

其他混凝土路面面层的厚度确定方法与普通混凝土面层基本相同。所不同的是设计基准期内的荷载疲劳应力系数的计算。其计算公式为:

$$k_f = N_e^{\upsilon} \tag{5-22}$$

式中:υ——与混合料性质有关的指数,钢筋混凝土、连续配筋混凝土 $\upsilon=0.057$,碾压混凝土 $\upsilon=0.065$,钢纤维混凝土 $\upsilon=0.053-0.017\rho_f\dfrac{l_f}{d_f}$,其中 ρ_f 为钢纤维的体积率,%;l_f 为钢纤维的长度,mm;d_f 为钢纤维的直径,mm。

二、钢筋混凝土面层配筋

普通水泥混凝土路面面层板的平面尺寸较大或形状不规则,或路面结构下面有箱形构造物、圆形管状构造物横向穿越,或高填方、软土地基、填挖交界段的路基等情况,有可能产生不均匀沉降,应采用设置接缝的钢筋混凝土面层板。面层板内配置钢筋是为了平衡混凝土面层收缩受限制时产生的拉力,防止其产生裂缝。当混凝土面层收缩时,其中央两侧向内的摩阻力为面层混凝土的质量与基层的摩阻系数乘积的一半,这一摩阻力即为作用于混凝土面层中央的拉力,并假定沿面层断面平均作用而由钢筋承受。

1.钢筋量

每延米混凝土面层板宽或板长所需的钢筋面积可由式(5-23)计算。

$$A_s = \frac{16 L_s h \mu}{f_{sy}} \tag{5-23}$$

式中：A_s——每延米混凝土面层宽(或长)所需的钢筋面积，mm^2；

L_s——计算纵向钢筋时，为横缝间距，计算横向钢筋时，为无拉杆的纵缝或自由边之间的距离，m；

h——面层厚度，mm；

μ——面层与基层之间的摩阻系数，基层为水泥、石灰或沥青稳定粒料时，可取1.8，基层为无结合料的粒料时，可取1.5；

f_{sy}——钢筋的屈服强度，MPa，可按表5-17选用。

钢筋强度和弹性模量经验参考值 表5-17

钢筋种类	钢筋直径(mm)	屈服强度(MPa)	弹性模量(MPa)
R235(Q235)	8~20	235	2.1×10^5
HRB335	6~50	335	2.0×10^5
HRB400	6~50	400	2.0×10^5
KL400	8~40	400	2.0×10^5

为方便施工，纵向和横向钢筋宜采用相同或相近的直径，其直径差不应大于4mm。钢筋网的最小间距应为集料最大粒径的2倍。钢筋的最小直径和最大间距一般规定见表5-18。

钢筋最小直径和最大间距 表5-18

钢筋类型	光面钢筋	螺纹钢筋
最小直径(mm)	8	12
纵向最大间距(cm)	15	35
横向最大间距(cm)	30	75

2.钢筋布置要求

纵向钢筋设在面层顶面下1/3~1/2板厚的范围内，横向钢筋位于纵向钢筋之下。纵向钢筋的搭接长度宜大于其直径的35倍，搭接位置应错开，各搭接端连线与纵向钢筋的夹角应小于60°。边缘钢筋距纵缝或自由边的距离为10~15 cm。

三、碾压混凝土性能参数

与普通混凝土路面相比，碾压混凝土能节省大量的水泥，且施工进度快，养生时间短，强度高，但全厚式碾压混凝土路面的平整度很难达到规范规定的要求。因此，全厚式碾压混凝土路面只能用于二级及二级以下公路、服务区停车场的面层，或普通水泥混凝土、沥青混凝土面层的基层。

目前，我国公路上常将碾压混凝土作为基层材料使用，面层为普通混凝土的复合式路面或在碾压混凝土层上铺筑沥青混凝土面层，以提高其平整度及行车的舒适性、耐磨性和抗滑性。

各交通等级要求的碾压混凝土弯拉强度标准值不得低于表5-17的规定。碾压混凝土弯拉弹性模量可按混凝土弯拉强度标准值参照表 5-19 选用。

碾压混凝土弯拉强度标准值与弯拉弹性模　　表 5-19

弯拉强度标准值 (MPa)	特重、重 5.0		中等 4.5		轻 4.0	
弯拉弹性模量 (GPa)	RCC	FRCC	RCC	FRCC	RCC	FRCC
	35	33	33	31	31	29

注：RCC——碾压混凝土；

FRCC——掺粉煤灰的碾压混凝土。

碾压混凝土面层混凝土的集料公称最大粒径不宜大于 19.0mm，水泥用量不得少于 280kg/m^3（非冰冻地区）或 310kg/m^3（冰冻地区）。

四、钢纤维混凝土性能参数

钢纤维混凝土是一种性能优良的新型路面材料，它能显著地提高混凝土的抗拉强度、抗弯拉强度、抗冻性、抗冲性、耐磨性和抗疲劳性。钢纤维混凝土在路面工程中应用可以明显减薄路面厚度，改善路用性能。但因其造价一般较普通混凝土路面为高，故钢纤维混凝土面层适用于标高受限制路段、收费站、旧混凝土面层加铺层和桥面铺装。

钢纤维混凝土的弯拉强度标准值见表 5-20。

钢纤维混凝土的弯拉强度标准值　　表 5-20

交通等级	特重	重	中等	轻
弯拉强度标准值(MPa)	6.0	6.0	5.5	5.0

钢纤维混凝土集料公称最大粒径宜为钢纤维长度的 1/2～2/3，并不宜大于 26.5mm（铣削型钢纤维）或 19mm（剪切型或熔抽型钢纤维）。钢纤维的抗拉强度标准值不宜小于 600（600～1000）MPa，以体积率计的钢纤维掺量一般为 0.6%、1.0%。水泥用量不得少于 360kg/m^3（非冰冻地区）或 380kg/m^3（冰冻地区）。

五、连续配筋混凝土面层配筋

连续配筋混凝土面层的纵向配筋设计，采用以下 3 项设计标准：

(1)混凝土面层内横向裂缝的平均间距为 1.0～2.5m；

(2)裂缝缝隙的最大宽度为 1mm；

(3)钢筋拉应力不超过钢筋屈服强度。

纵向配筋率通常为 0.6%～0.8%。具体计算方法参见现行的《公路水泥混凝土路面设计规范》。纵向和横向钢筋均采用螺纹钢筋，其直径为 12～20mm。

纵向钢筋设在面层顶面下 1/3～1/2 板厚的范围内，横向钢筋位于纵向钢筋之下。纵向钢筋的焊接长度一般不小于其直径的 10 倍（单面焊）或 5 倍（双面焊），焊接位置应错开，各焊接端连线与纵向钢筋的夹角应小于 60°。边缘钢筋距纵缝或自由边的距离为 10～15cm。纵向钢筋间距不大于 25cm，不小于 10cm；横向钢筋间距不大于 8cm。

《路面结构》教学基本要求

（52学时）

一、课程性质和任务

本课程是公路与桥梁专业的一门主干专业课程。

本课程学习沥青路面和水泥混凝土路面的结构特点、设计原理和方法，学习现行的公路路面设计规范所规定的沥青路面和水泥混凝土路面结构组合原理和厚度计算方法。重点是应用路面设计规范计算路面结构的厚度。

二、课程教学目标

学完本课程之后，学生能够：

(1)解释路面结构的专业术语；

(2)叙述路面结构层次的类型与特点；

(3)描述交通部颁布的现行《公路沥青路面设计规范》和《水泥混凝土路面设计规范》的有关规定；

(4)叙述路面设计的程序，并计算路面结构层厚度；

(5)绘制路面结构施工图，解释结构图纸和技术说明。

三、教学内容和要求

1.绪论

(1)描述我国路面工程的发展概况；

(2)说明路面的概念及对路面的基本要求；

(3)描述路面表面的形状；

(4)说明路面结构层次的名称、功能和类型；

(5)论述路面的分级及其对应的面层类型；

(6)描述各类面层适用的公路等级及使用年限。

2.路面工作状况

(1)描述汽车轴型的分类及对路面的作用力；

(2)绘制汽车轮载的作用简图；

(3)描述自然因素对路面的影响程度；

(4)说明制定公路自然区划的目的；

(5)划分土基干湿类型。

3.路面结构层

(1)解释不同组成材料的结构的定义；

(2)说明稳定类材料结构层的特点及用途；

(3)说明嵌挤类和级配类结构层的特点及用途；
(4)说明沥青类结构层的特点及用途；
(5)说明水泥混凝土结构层的特点及用途。
4.沥青路面设计
(1)描述沥青路面设计的任务与原则；
(2)将各级轴载换算为标准轴载,并计算累计当量轴次；
(3)说明沥青路面设计的控制指标,并计算设计指标值；
(4)描述路基的受力与工作区；
(5)说明土基的强度指标及确定方法；
(6)说明路面材料强度指标及确定方法；
(7)描述沥青路面结构组合设计的一般原则及各种结构层次选择应考虑的因素；
(8)说明结构组合设计应遵循的原则；
(9)解释沥青路面的设计程序；
(10)计算沥青路面的厚度,绘制沥青路面结构图。
5.水泥混凝土路面设计
(1)确定水泥混凝土路面的设计参数；
(2)描述结构组合设计的原则和方法；
(3)说明水泥混凝土路面的平面尺寸及接缝设置的目的、类型、构造；
(4)描述水泥混凝土路面设计理论；
(5)解释水泥混凝土路面的设计程序；
(6)计算水泥混凝土板的厚度,绘制混凝土路面的结构图。

四、学时分配建议

序号	课程内容	教学时数			
		合计	讲课	实训	机动
1	绪论	4	4		
2	路面工作状况	4	4		
3	路面结构层	8	8		
4	沥青路面设计	15	8	7	
5	水泥混凝土路面设计	15	9	6	
机动		6			6
合计		52	33	13	6

五、说　　明

(1)路面的设计方法是建立在试验和经验的基础上,计算公式是根据试验研究得出的半理论半经验公式。因此,在学习和运用这些公式时要特别注意它的适用范围和条件。

(2)本课程的内容与现行《公路沥青路面设计规范》和《水泥混凝土路面设计规范》密切相关,在教学过程中,应要求学生熟悉和运用这些规范,并及时跟踪它们的变化。

(3)本课程的内容还有地域性的差异,各教学单位在教学过程中应结合当地实际情况,注重属地的应用差别。

(4)本课程的实训项目主要是课程设计,教学过程中应有一定的时间保证。

参考文献

[1] 夏连学,赵卫平.路基路面工程.北京:人民交通出版社,1997.

[2] 邓学钧.路基路面工程.北京:人民交通出版社,2000.

[3] 张登良.沥青路面.北京:人民交通出版社,1998.

[4] 中华人民共和国交通部.JTG B01—2003 公路工程技术标准[S].北京:人民交通出版社,2004.

[5] 中华人民共和国交通部.JTG D30—2004 公路路基设计规范[S].北京:人民交通出版社,2004.

[6] 中华人民共和国交通部.JTJ 051—93 公路土工试验规程[S].北京:人民交通出版社,1993.

[7] 中华人民共和国交通部.JTG D50—2006 公路沥青路面设计规范[S].北京:人民交通出版社,2006.

[8] 中华人民共和国交通部.JTG D40—2002 公路水泥混凝土路面设计规范[S].北京:人民交通出版社,2003.

[9] 中华人民共和国交通部.JTG F40—2004 公路沥青路面施工技术规范[S].北京:人民交通出版社,2004.

[10] 中华人民共和国交通部.JTJ 034—2000 公路路面基层施工技术规范[S].北京:人民交通出版社,2000.

[11] 中华人民共和国交通部.JTJ 018—97 公路排水设计规范[S].北京:人民交通出版社,1998.